S S E

師父

那些我在課堂外
學會的本事

紀念版

THE KNACK

HOW STREET-SMART ENTREPRENEURS LEARN TO HANDLE WHATEVER COMES UP

NORM BRODSKY & BO BURLINGHAM

諾姆・布羅斯基、鮑・柏林罕——著　林茂昌——譯

目次

| 推薦序。陶傳正 |

我創業路上的師父

想要創業，談何容易？要是沒有兩把刷子，休想！就算你有兩把刷子吧，要是天不時，地不利，人不和，也沒用。

但是，我們又常常看到有很多人創業，而且成功的居然還不少，那又是怎麼回事呢？那是因為：我們通常沒看到那些失敗的；而且，成功的人就算沒有兩把刷子，起碼也有一把刷子。

當年，我第一次心中有創業的念頭，覺得嬰童用品應該可以試試，但卻苦於自己沒有資金。左思右想，都只有回家向老爸開口一條路。勉為其難的弄了一份可行性分析報告兼投資資金需求表，拿著跟老爸開口了。

沒想到，老爸居然耐心聽完，還點了個頭。

雖然我知道，這不代表他在誇讚我，但起碼他老人家同意了！高興得無法自已的我，還是忍不住問了句直到現在還讓我難過的話：「爸，您為什麼覺得嬰童用品這門生意可以做？」只見他慢慢的站了起來，轉身把雙手背在後頭，走進臥房，先是嘆了口氣，然後輕聲說了句：「因為現在的年輕人，沒人在乎父母，都只想到他們的孩子了！」

三十五年就這樣過去了。我所創立的奇哥雖然不是什麼大公司，但是起碼我們一家人可以靠它過日子，而且在業界也小有名氣。只要新婚夫妻要開始準備當爸爸、媽媽時，大半都會想到我們。我的父親雖然過世超過十年了，但我總是想到，沒有他，就沒有奇哥。因為他當年的一句話，才讓奇哥有機會誕生。雖然，他當年那句話，聽起來有點殘忍。

我的父親，正是我第一個創業路上的師父。

一路走來，我認為「懂得傾聽」是創業者必備的基本條件。因為，只有真心聽別人意見，再分辨什麼是你應該採納的，才有機會學習到別人的知識。所謂「三人行，必有我師」，家人、朋友、同事、下屬，甚至販夫走卒，每個人都有不同的人生經歷，不管是成功或者是失敗的人，都有值得學習之處。

這些年，我就常在與計程車司機的短暫對話中，學到不少東西。很多司機以前當過老闆，有的還當過將官。他們的故事，常常讓我捨不得下車。只要懂得從中學習，即使是坐一趟車這樣的生活小事，當司機告訴你，某個區域好像店鋪都關了，你都能得知商圈變化的開店情報。

這本《師父》，就是以這樣一則一則的故事，帶給我們許多實用的創業基本概念，是本簡單易懂的創業者參考書。其中許多道理，雖然我們都知道，但是我們在日常工作時，要嘛很少去注意，要嘛因為自己的成見，而刻意忽略它，總以為，我哪裡有那麼倒楣。結果，還真的就是你倒楣，都忘了身邊其實有這些「師父」可以請教。

創業最後要成功，如果「只有想法，沒有做法」，也是注定會失敗的。因為大家都在找賺錢的生意，但只有先開始做，才有成功的機會。天底下沒看過大思想家成為大企業家的。而且，想得太多，也可能不是個好的創業者。因為你會花太多時間在想，而別人卻早已開始起步。

本書非常值得深讀，放在案頭，隨時翻閱，你必定會發現原來身邊就有這麼多的「師父」。

陶傳正，奇哥公司創辦人。

| 推薦序。許士軍 |

幫助你在創業迷霧中撥雲見日

在過去半世紀中，隨著外界經營環境、市場競爭以及科技發展之迅速變化，企業要生存和發展，不但要不斷開發新產品和新服務，更進而提升到新模式和新產業層次。在這演化過程中，使得創業也不限於事業的新創階段，而是在企業創設之後的生命過程中，必須不斷面臨的挑戰；換言之，所謂創業，已遠遠超越其法律上的意義，而成為企業經營的本質。

在這背景下，這是一本告訴人們創業「竅門」的書。之所以稱做「竅門」，而不是知識，是有道理的，也是這本書和其他許多同類的書不同的地方。

所謂「竅門」，至少有兩點特殊意義。首先，它是針對「實際」問題所獲得的解決之道；因為它不是一種理論，得以跳過了由理論應用到實際問題之間的鴻溝。其次，它來自現實經驗中的體悟（insights），人們獲得這種「體悟」，乃經過實際的驗證，往往已經付出相當的代價，使得這樣所獲得的「竅門」，有其特殊真實價值。

基本上，創業所面臨的問題，大致是相同的。在一般教科書中，通常會將其區分為某些階段，以及哪些方面的問題，並且針對這些階段與問題的性質，告訴我們要考慮哪些因素，又有哪些解決方案。但是，本書中所採的「竅門」觀點，卻相當直截了當地指出可能最有效的答案。

譬如說，創業時，發現好的商機固然重要，但是發現商機之後，能否做到紀律和專注，才是成敗的關鍵；又如在創業初期，時間和資金代表最缺乏的要素，也是最難解決的問題，但是真正解決之道在於，建立自己的客戶基礎。

作者也從實際經驗中發現，創業者最重要的成功條件，在於韌性；有了韌性，才能從逆境中反彈，以及從錯誤中學習。反之，最可怕的，就是過度樂觀，不夠務實，或陷入只顧成交、不問代價的業務員心態。

儘管書中主要是針對創業的問題，提出具體的針砭，但除此之外，本書還包括了：如何選擇與留住好客戶，如何建立客戶的忠誠度，以及公司哪些規定是好的、哪些是不好的之類。

作者也歸納出成功創業者必要的「心智習慣」，那就是必須要替自己設立某種目標或願景，才能在不同狀況中找到機會和出路。在這層次上，作者特別指出，創業者建立本身良好的聲譽，尤其贏得競爭者的敬重，乃是事業上最珍貴的資產，這一點，應當是經常被忽略、但卻極其重要的「竅門」。

總之，如作者也說，本書內容不能一概而論，也未必是金科玉律。但以作者豐富的創業經驗，以及深思熟慮的精湛見解，相信對於身處創業迷霧中的企業經營者，若好好閱讀本書，體會其中深意，必然會有豁然開朗的收穫。

許士軍，元智大學講座教授。

師父

前言

一百萬美元就在你腳下

我們都有生意上的師父，但他們在當我們師父的時候，我們卻未必察覺。

我的第一個師父，也是我最好的師父，是紐約市一位小商人。他的生意是沿街叫賣，到客戶家裡賣布料、用品和雜貨。他就像個四處遊走的一人百貨公司，生意上的大小事，全由自己一人打理——從採購到記帳、到信用管理、到收款。有時候，我會跟著他跑一趟，我會問很多的問題，而他也會把他為什麼這麼做的邏輯解釋給我聽。就這樣，我學到一些至今仍然受用的重要生意觀念。

然而，當時我並不重視我所得到的教育。那時的我只有八歲。那位沿街叫賣的小販，就是我的父親。

在成長的過程中，我從來都沒有想到要經商，我不想走父親的老路。大學畢業後，我進入法學院，以為我要靠法律賺錢。但造化弄人，最後我還是去經商了。這時我才了解，過去父親所教我的，竟是如此之多。

例如，他是第一個向我解釋為什麼高毛利率很重要的人。他用的是不同的說法——利差要大——但道理是一樣的。「每一筆生意一定要有很好的利差，」他說：「你的客戶一定得是付得起錢的人。」「不要占別人的便宜。」「要合理。」這些都是深植在我心中、非常了不起的生意課程，而且全都直接來自我父親。

此外，他還有一些想法。「不要為一件事情煩惱兩次，」當我對即將發生的事——例如期末考——感到焦慮不安時，他會這樣對我說。他問：「你把功課做好了嗎？你已經準備好了嗎？」我一向都會準備好。「那就不要煩惱兩次。」換句話說，不要浪費時間和精力，在不會發生的問題上。

當我抱怨對未來的人生感到茫然不知時，他說：「你的鞋子底下就有一百萬；你只要找一找就行了。」一直要到後來成為一個企業家，我才明白他的意思。

當我提到某樣我很想要的東西時，他說：「你不提出要求，就得不到。」我於是要求能有更多的零用錢。他笑著說：「提出來很好，但你不會只因為提出要求，就得到你想要的東西。」很久之後我才知道，他為我上了銷售的第一課。

養成一種成功者的「心智習慣」

這些教誨，對我產生了潛移默化的效果。它們成了我的心智習慣，引導我，讓我在不知不覺中照著做。

例如，我有一個承襲自父親的好習慣，就是把問題分解成幾個基本單元，再一一克服。他相信，大多數的生意問題——還有人生問題——雖然乍看之下好像很複雜，其實基本上都很簡單。他教我在處理問題時，必須檢視其基本元素，並了解真正的來龍去脈。而且，千萬別以為從表面上所看到的，就是真正的問題。這個思考方式，多年來一直是我最有力的事業工具。

事實上，我認為要想成功創業，靠的就是這些心智習慣。我個人創業三十多年來，成立的公司超過八家，其中一家快遞公司，連續三年被《企業》（*Inc.*）雜誌評選為五百大成長最快速的未上市公司；另外一家檔案倉儲公司，則是以一億一千萬美元的價格售出。

這一路走來，我有幸能夠認識許多成功的創業家，我發現，我們大都具有相同的心智習慣。這些心智習慣，就是我們成功的祕訣。（呃，好吧，這只是成功的祕訣之一。我事業上的一大助力，當然是結縭三十九年的太太伊蓮〔Elaine〕，沒有這位終身伴侶，我不可能有今天的成就。）

寫到這裡，我知道，不是每個人都想聽這些。很多正要創業的人，比較喜歡逐步條列的成功公式，或是一套他們可以用來達成目標的具體規則。問題是，世上根本就沒有這種東西。我們有的，只是一種思考方式，讓我們可以處理各種不同的情況，並在不同的機會出現時，好好的把握。當然，看了我所講的這套心法，並不保證你做什麼事都無往不利，但一定可以大幅提升你成功的機會。你將會成多敗少，而你在這場遊戲中活得越久，就越有可能登上高峰。

我相信，大多數的人都能發展出我所說的這些心智習慣，並用這些心法賺到一筆錢，去過他們想要的生活。

找出你的成功方程式

每個人成功的程度和方式都不一樣。做生意，和其他領域一樣，有的人就是天賦異稟，可以玩得比其他人都在行。我們不可能個個都是老虎·伍茲、畢卡索，或莎士比亞，但人人都可以學會打高爾夫、畫畫，或寫十四行詩，而且，人人都能學會財務獨立。

我要補充說明的是，從我教導巴比和海倫·史東夫婦開始（我在第一課會講這段故事），這套心法已經經過十七年的重複測試。鮑·柏林罕（Bo Burlingham）把我協助這兩人的故事寫成文章，登在《企業》雜誌上，後來鮑和我在一九九五年十二月共同推出「江湖智慧」（Street Smarts）專欄，他成了我的共同撰稿人。

透過這個專欄，我有機會和數以千計想要創業、正在創業，或是已經有事業，卻被一兩個問題搞得焦頭爛額的人接觸。他們從世界各地寫信給我，有的來自美國、加拿大，或墨西哥，有的則來自韓國、立陶宛、巴西、新加坡，或南非等遙遠國度。他們是軟體開發人員、保險業務員、人頭獵人、藝術家、游泳池營建商、鋪路工人、家具製造業者、網頁設計師、機具銷售員、屠夫、麵包師，和蠟燭業者（好吧，其實沒有屠夫，但其他什麼人都有）。他們開辦了磁磚廠、診療影像設備廠、化妝品公司、風管製造廠、人力仲介、小提琴店、投資公司、顧問公司、網路公司、連鎖電影院，以及普天之下的各行各業。

他們寄給我的電子郵件我都讀過，並盡可能的回覆。每年我還會從這些人當中，選出八到十個來輔導。他們的目標五花八門，從建立大型企業，到開設小型托兒所、爭取財務獨立、有更多的時間陪家人都有。

畢竟，每個人對成功的定義都不一樣，我們的共同之處，是我們都希望更快樂、更富有、有個更完整的生活，並為我們的子孫創造一個更美好的世界。我的目標是協助企業家發展這套心智習慣，好讓他們都達成自己的目標。從他們一些人的成就來看，我不得不相信，我的努力並沒有白費。

還有，我應該提醒你，你不必有個像我一樣的師父，或是像我父親那樣的角色，也可以得到「破解所有問題」的心智習慣。我有很多習慣，都是以很老套的方式發展出來的——犯錯、灰頭土臉、自己爬起來、然後思索怎麼做才不會重蹈覆轍。但我想你應該聽過一句俗話：「聰明的人，會從自己的錯誤中學習；有智慧的人，從別人的錯誤中學習。」從錯誤中學習，讓我變聰明；希望這本書，可以幫你變得有智慧。

第1課

怎樣踏出成功的第一步

我是在一九九二年一月一個寒冷的晚上，開始當起企管顧問和創業導師的。當時，我和太太伊蓮，正與我們的朋友巴比和海倫．史東在一家餐廳吃飯。史東夫婦建議我們到這個特別便宜的地方用餐。我們抵達之後，才明白原因。

巴比說，他被裁員了。他原本是個電腦設備業務員，在公司工作了十四年。他非常苦惱，也非常生氣，發誓不再為別人賣命，揚言要加入海倫的「居家事業」，在他們位於紐約州北貝爾摩的房子地下室裡賣電腦用品。

「很好啊，巴比，」我說：「不過，你有事業計畫書嗎？」

「什麼是事業計畫書？」巴比問道。

「事業計畫書就是把你想要做的事列出來，」我說：「你要有事業計畫書，這樣你才會知道，這門事業可不可以做。」

「當然可以做，」他說：「光靠海倫和助手寶娜兼著幫忙，都已經做了七年了，而且還是在沒人跑業務的情況下。我想，我是個不錯的業務員，所以這事業怎麼會做不起來？」

海倫其實非常反對。「這個人瘋了，」她說：「其實我們根本沒賺錢，連生活費都快付不出來了。我們得把房子拿去抵押，才有錢付給供貨商。」

巴比說，海倫太悲觀了，但海倫說，是巴比搞不清楚狀況。我說：「好吧，算我拜託你們，千萬不要莽撞。把你們所有的書面資料拿到我家，我們坐下來好好談一下，看看你們這門事業到底做不做得起來。」我當時以為，只要給他們一些小建議，他們就可以開動了。

我錯了，他們需要的，是整套的教育。

而且事後證明，這是整個狀況中最有意思的一部分。我當時並不知道，要教一個人做生意，你到底能夠教到什麼程度。一對中年夫婦，都不是生意人，也完全不懂如何創業，說真的，你真能夠教會他們嗎？還是說，得讓他們從經驗中學習？

我不知道。我花了一輩子的時間，才學到做生意的本領。很多的教訓，是從頭破血流中學來的。我的生意經，當然不是來自課堂上，因為我主修的是法律和會計。事實上，我還必須把許多學校所教的東西忘掉。然而，做生意，究竟有多需要靠本能？你小時候什麼都不懂時所學到的東西，有多少是和做生意有關？我不確定，但很好奇。

眞正的目標，是長期的財務安全感！

幾天之後，巴比和海倫來到我家，帶著我要的資料——去年的營收、成本和費用等，也就是所有海倫收到的款項，加上應收帳款，以及她已經支付的所有費用，加上她的應付帳款。我告訴他們，數字等吃過飯再討論，但首先，我要討論他們的「目標」。我總是從這點開始。

我當然知道，很多人的第一個目標，就是盡量活久一點，看看事業是否做得起來。但不管你要做什麼生意，或是你有多少資本，在還沒真正「下海」之前，是根本不可能知道這門事業是否做得起來的。而且，把事業做起來只是通往其他目標途中的一步，我要知道的，是你的「其他目標」。我要聽聽你的想法，我會注意聽那些沒辦法靠事業來達成的目標，或是對事業有所妨礙的目標，以及從你所要做的事業來看，根本就是不切實際的目標。我會注意聽你真正的動機，通常，是很情緒性的東西。

巴比和海倫說，他們想靠這個事業來養活自己。很好。不過，巴比還有其他目標。當時，他真正想要的，是向他的老東家報復。這種心情很正常，但除非他願意斬斷一些人際關係，否則根本就做不到。而且，報復和他們的長期目標無關，他們的長期目標是邁向財務獨立，擺脫目前的困境。於是，確定了這個長期目標之後，我們就能把那些情緒性的東西丟掉。

一旦確定了目標，你就馬上回到事業是否能做起來的問題上。我對巴比和海倫說：「聽好，我現在還不知道你們的事業能不能做起來，也不知道你們是不是有能力做。但我們必須先知道，這個事業是不是值得去試。我們必須確定，至少在書面上確定，這個事業有機會。」

巴比馬上向我大談他的行銷計畫和預測。我打斷他，並要海倫把資料全拿出來。她把資料攤開，開始解釋。我說：「你不用解釋，我自己會看。」我從頭看到尾，做了一些試算，告訴海倫：「你知道嗎，你的助手寶娜去年賺的錢比你還多，」我指著一些數字。「這些是你去年的營業收入，」我說：「而這些是除了寶娜以外的所有費用。把這兩個數字相減，就是你所賺的錢。巴比，請你把這個數字念出來好嗎？」

他說：「一萬元。」

我說：「對，一萬。好，現在看這裡。這是你付給寶娜的總數。那是多少？」

他說：「一萬五。」

「你知道這代表什麼意思嗎？」我問道。

他說：「我想，這代表我們在做賠錢的生意。」

我說：「非常好。」我轉向海倫說：「你賠錢了，現在你必須做幾個決定。這個事業從書面上看似乎可行，但你必須降低你的費用，而且你還要多投一些錢進去。目前我還不知道要多少，但絕對占你存款相當大的比重。你願意這麼做嗎？」我知道他們所需的資金，一定是來自海倫的存款。她說，她必須好好想一下。

第二天，他們就把助理寶娜解聘了，理由是巴比即將加入，而這個事業無法同時養活三個人。海倫告訴我，她和巴比都哭了。「我哭得歇斯底里，」她說：「巴比才剛受到這種對待，我們就對別人做出同樣的事。」但如果他們真心想要讓事業繼續做下去，就必須採取這個行動。正如海倫的說法，那真是「賞自己一個耳光」。於是，他們兩人就這樣在地下室開業了。叫寶娜走路，意味著他們已經上軌道，將要進入更遠的航程。

一份關乎你未來的計畫書

大多數人在第一次創業時，都會很惶恐。這，正是撰寫事業計畫書的好理由。寫一份計畫書，有助於你弄清楚創業的過程，並且把那些情緒性的想法排除。

但是，要製定事業計畫之前，你必須先了解現金流量。很多創業的人都不了解現金流量，他們最常犯的錯誤，就是把現金流量和「營業收入」與「銀行存款」搞混了。他們以為只要有營業收入，事業就會成功。事實上，你所需要的，是「正確型」的營業收入，「錯誤型」的營業收入會直接把你搞到破產。

要避免破產，你必須了解的第一件事就是：你的資本是有限的。關於這點，每個人都一樣，沒有人會用無限的資本來開辦新事業。重點在於要確保：第一，你一開始就有足夠的資金，以及第二，這筆資金可以撐得夠久，好確認這個事業是否可以存活。我所謂的存活，是指事業本身所賺來的現金，足以支付所有開銷。事業計畫書，基本上就是要幫助你去思考，如何達成這個目標。

不過，我所說的事業計畫書，指的並不是很複雜的東西，而是修正過的「極簡版」損益表和現金流量表。我要的，只是對一年當中，每個月營業額的合理預期。我向巴比要的就是這種計畫書，但他給我的東西卻很荒謬。

他太樂觀了，是非常典型的創業者。初次創業的人雖然心情很惶恐，卻總會過度樂觀。這很奇怪，也很危險，因為這會導致他們對於如何花費有限的資金，做出錯誤的決定。

我必須把整套觀念，再對巴比說一次。

他的預測，是根據他認為自己「要做到什麼程度才能活下去」，而不是他們「實際上能做到什麼程度」。他用以前上班時的銷售實績，來當作營業預測的基礎。他以前賣的是電腦清潔設備，單位售價為一萬二千到二萬美元。他從沒想過，當賣每筆訂單只有——譬如說，四十美元的電腦用品時，情況可是天差地遠。於是，我要他盡可能的縮小範圍。那時是一九九二年一月，我問：「七月，你說七月可以做多少？」

他說：「二萬美元。」

我說：「一個月有二十個工作天。那就是一天一千元，這實際嗎？你平均一個訂單是四十元，你的意思是在一天的八小時裡，會有二十五筆訂單；那就是每小時，有三筆訂單進來；等於每二十分鐘一筆訂單，整個月都如此。你做得到嗎？」我要說的重點，是要他面對現實。我要的是合理的預測，不是亂猜。

巴比明白了，自己對七月份的銷售估計太過離譜，於是他重做一份新的，然後我們再往前往後，一個月、一個月的做，直到我們得出全年度的營業估計值。

永遠記得：毛利率很重要！

接下來，是最重要的一步：設定毛利。一旦有了合理的銷售預測，你就可以按產品類別，計算其銷貨成本（cost of goods sold，簡稱COGS），或是服務業裡的銷售成本（cost of sales）。把營業收入減去COGS，就是你的毛利。假如以營業額的百分比來表示，就是你的毛利率。

我認為，對所有的新事業來說，最重要的一個數字就是毛利。它決定了你事業的其他項目——你所需要的資本、銷貨量、你所能支付的間接費用、要多久才能知道事業是否可行、甚至於決定事業是否活得下去。

譬如說，你花九毛錢去製造或購買商品，然後以一元賣出。你的毛利是一毛錢，或是營業收入的一〇%。假設你一個月需要支付五千元的各種費用，那麼，你一個月就得賣五萬元，才付得起這筆費用。現在，假設你的帳款要三個月才能收到，那麼你就必須放十萬元以上的現金，才能每個月收到五千元，以達損益兩平。通常，這種事業是活不下去的。

這時，毛利就成了關鍵，也是決定性因素。你必須用毛利來支付所有的費用——薪資、租金、電話費、瓦斯費、電費，和影印費等等。如果你的毛利率為一〇%，每一塊錢的費用，你就必須用十塊錢的營業額來打平。如果你的毛利率是四〇%，每一塊錢的費用，就只要二塊半的營業額就夠了。當你的資本有限時，這個差別就很重要。毛利率越高，支應費用所需的營業額就越小，而你的資本也就能夠撐得越久。而對大多數新事業而言，時間，就是生存的關鍵。

這就是巴比和海倫所必須學習的最重要一課。我要他們自己算，我一步一步地帶他們做。我教他們如何把營業額按產品類別分列，以及如何計算銷貨成本和毛利率。我們列出各項費用以決定他們的固定費用。有了營業收入、銷貨成本和間接費用，他們就可以自己算出每個月的損益表。然後，我帶著他們做一個月的現金流量預測，於是他們就可以按照這個方法，把整年度的現金流量表做出來。我做的部分，只是讓他們抓到要訣，其餘部分要他們在家裡做。只用鉛筆和紙，不可以用電腦。

這是整個教育過程的一部分。當你親自動手把預測寫下來，自己計算，並且把整年度的數字都算出來，有兩件事會發生。第一，你開始對這個事業有感覺。第二，你開始了解現實。你將會知道，銷貨未必帶來利潤，而且銷貨與利潤也跟現金不同。

創業，要多少錢才夠？

寫事業計畫書的另一個理由，是讓你對一開始需要投入多少資本有個概念。這個數字，來自「現金流量表」。大多數的情況是這樣的：你會看到累計現金流量一個月比一個月糟糕，直到事業化險為夷，現金流量開始好轉。

看著事業在紙上活下來很有意思。如果預計的現金流量一直無法改善，這個事業就不可行，你應該找別的事情做。但如果這個事業可行，你所需的創業資本，理論上就等於報表上最大的現金赤字。如果你將這個金額投入事業，理論上，應該可以避免現金短缺。不過在實務上，我通常會把這個數字增加至少五〇％。以巴比和海倫的例子來說，他們最壞的一個月看起來短少了一萬五千美元左右。我告訴他們，這個事業可能需要投資二萬五千美元，但一開始，投一萬五千美元就夠了。

建立準備金有兩個理由。第一，成本總是比你的預期還高，而利潤總是比預期少。因此，事實上你所需要的金額，可能比現金流量表所預測的還多。另外，你還會有心理和情緒上的問題。一路追加資金，如果你一開始就知道可能如此，這是一回事。如果你以為你已經投入所需的最大資金，那感受可就大不相同。

做事業計畫，會直接導引你進入下個階段，因為你開始知道，要讓事業存活，會遭遇到什麼問題。我為巴比和海倫把生存化為他們可以了解的項目，以及他們可以監控的數字。他們開始看得出來，毛利率五〇%的清潔用品和毛利率一〇%的磁碟片有什麼不同。他們開始了解，毛利、賒銷和收款等，對他們的現金流量有什麼影響，也了解現金流量決定他們的事業是否可以活得夠久，好讓他們知道這個事業，在現實上以及紙上，是否可行。他們開始知道該把焦點放在何處，才會有較好的存活機會。

我必須說，海倫開始懂了。她學得非常快。巴比比較慢才懂，但接下來，他還有更多的障礙要克服，尤其是業務員心態。

。請教師父

定價低一點，業績會不會比較好？

師父，您好：

我在家裡開了個設計事業，賣些店面器材和零售設備給和我們合作的零售商。我試著把毛利率設在二五到三〇%之間，但我不知道這樣做是否妥當。我一直在想，如果我們收費低一點，到底營收可以增加多少？

諾伯特

親愛的諾伯特：

你把方向搞錯了。你應該問你自己的是：如果收費高一點，營收會減多少？毛利和淨利，遠比營業額更重要。我強烈偏好營業額五萬、毛利二萬元，遠勝於營業額十萬、毛利二萬。為什麼呢？因為我會有較低的間接費用、較低的運費，和較少的人員等等。如果我是你，我會找許多方法來增加毛利率，而不是降低毛利率。也許你可以接更好的案子來賣，也許你可以降低運輸成本。是的，有些時候是適合降價，但除非你確定會有更多的營業額，否則我不會這麼做。

諾姆

每個人都要克服的「業務員心態」

幾乎所有的企業家在第一次創業時，都會有業務員心態。他們要看到營業額每月、每天、每小時都在增加。我自己除了每週的銷售數字之外，根本就不去管營業額。我的股東當中有很多還是會計師，但心態也和大家一樣。他們從不問我利潤，只想知道營業額。這，就是業務員心態。很多人都認為，應該把所有關注焦點全放在如何創造營業額上，但這非常危險，尤其是當你節衣縮食，在地下室裡開業的時候。

為什麼？因為營業額不等於現金，而現金，才是生存之所需。當你把現金花光，你就得倒閉，沒戲可唱。

這全都回到你的「資本有限」這個根本現實上。如果你的毛利不足以支應你的費用，你就必須挖老本來補足缺口。如果你挖太多，很快的，你就會把資本花光。從這個現實，我們可以得到新事業的兩個最重要法則：第一，保護你的資本，只把錢花在你確定短期內會產生正現金流量的事情上。第二，盡所有可能，努力維持最高的每月毛利率，不要追逐**任何**低毛利率的銷售。

或許你會認為，這兩個法則太簡單了，但實際上，要遵循這些法則，你得很有紀律才行。前面提到的業務員心態，會讓你很容易偏離這兩個法則。巴比．史東就是個典型的案例。十四年半以來，他被訓練只用營業額來思考，他甚至從未聽過毛利。他唯一的工作，就是按照別人給他的價格盡量銷售，不管他所產生的毛利是多是少。

於是，當發現自己有某個月的業績很差時，他會怎麼做？假設他的事業計畫預計一個月要賣二萬美元，那是他的損益兩平點，而現在是該月的最後一週，卻只賣了一萬美元，他很可能會開始鋌而走險。他會打電話給很多客戶，直到其中一個人說，如果降價，就願意買進一萬美元的貨品。他們會討價還價，最後巴比給他很好的優惠。巴比很滿意，達成目標了。他把產品運出去，回來告訴海倫：「我們做到了！我們的目標達成了。」

但實際上，他做到什麼呢？首先，他沒有達到損益兩平。他所協商出來的價格，讓他的銷貨只剩一〇%的毛利率，而損益兩平點是二萬美元，毛利率四〇%，或毛利八千美元。他已經用四〇%的毛利率賣出一萬美元，以及一〇%的毛利率賣出另外一萬美元，全部的毛利為五千美元，全月的毛利率只有二五%，而不是四〇%。這是不足以支應費用的，他短少了三千美元，必須從資本拿出來補。像這樣的月份如果出現個五次，就會把海倫所拿出來的一萬五千美元花個精光。

其次，他在浪費他的時間。他應該把時間用來尋找高毛利率的客戶，通常是小額購買的客戶。這是另一個法則：把你的時間用在開發高毛利率客戶的關係上。讓低毛利率的客戶自己來找你，以便談到好價位。此外，巴比把一萬美元綁在一個客戶上，如果這個客戶付不出錢，或是拖很久才付錢，或是要打好幾十通催帳電話才願意付款，那怎麼辦？

這，就是風險，而且單一客戶的風險就更大了。巴比已經進行了一次賭注而不自知，而這直接來自業務員心態。佣金制的業務員，從不會去管收帳問題。

千萬不要自欺欺人

別誤解我的意思，我並不是說業務員心態一無是處。只要這種心態受到制衡，就沒什麼關係；

就算你有業務員心態，也不表示你不能了解事業的其他部分。關鍵在於：你**必須**了解其他部分，否則你就無法存活。你會為了避開一個生意清淡的月份，犯下太多代價高昂的錯誤，卻不知道一個生意清淡的月份，甚至一連串生意清淡的月份，都比讓毛利率下滑好。

我知道，要業務員接受這個看法，實在是太難了，而大多數企業家都是業務員。但這很重要，為什麼？原因在於：你的目標，你的長期目標，在你做事業計畫之前就已經決定了的目標。

巴比和海倫的目標，是達到財務獨立。這個事業能不能讓這個目標達成，他們必須把答案找出來，但業務員心態會讓他們以短期目標（設定銷售業績），來取代長期目標（建立可經營的事業）。

那麼，如果你碰上一連串生意清淡的月份，該怎麼辦？這種情形，可能透露了某些訊息——也許這門事業不可行，或是你沒有能力創造更高的毛利率。若是如此，你就該小心了。

很多人常會以一連串高營業額、低毛利率的月份來欺騙自己。這是很容易做到的，只要把價錢降到比競爭者還低，你就可以達到你想要的營業額。你會以為自己做得不錯，只要業績不斷成長，而且你在付帳單之前能收到款子，你就不會把現金花光。問題是，你的應付帳款會超出你的付款能力，最後你會破產，只是你還不知道。直到突然間有好幾個月業績很壞，你的現金不見了，你就會發現自己賠個精光。

這種事，常常發生。要避免這種命運，就要遵守前面的法則，並注意數字。如果你看得夠仔細，就會有一個圖像開始浮現。你可以實際看到整件事的進展。你可以感覺到這個圖像越來越清楚，感覺也越來越強烈，直到你終於明白，自己就要成功了——或是該放棄，試點別的了。

然而，要堅守原則並不容易。對巴比和海倫來說，當然也不容易。第一年，他們經常吵架。海倫不斷告訴巴比，該去找份工作做，他們的親友也勸巴比去找頭路。還好，這段期間他們還收到巴比的資遣費，並依法由原雇主負擔十八個月的健保給付，但海倫擔心，當這些錢用完了該怎麼辦？

我的角色，是幫助他們不要脫軌，並確保巴比只做高毛利率的業務。他和海倫努力追求平均四〇%的毛利率，但實際上他卻不斷接受毛利率九%的生意。於是，我讓海倫擔任毛利率的守門員。如果某一筆業務低於二〇%，巴比就必須取得她的同意。通常她會否決，這讓巴比很掙扎。有一次，他拿到一筆毛利率一三%、金額三千美元的訂單，也就是說，可以賺到三百九十美元。海倫說不可以，巴比說：「如果我們一直把生意推掉，這個事業要怎麼成長呢？」他就是不明白，為什麼一筆業務可能毀掉整個事業。這和他過去十四年所學的，完全矛盾。

然而，他還是照計畫做。慢慢的，毛利率有所改善，而客戶基礎也擴大了。第一年的年底，我們坐下來討論，發現如果沒有巴比的資遣費，他們的事業就還短少五千美元的資金。我已經警告過他們，第二年就沒資遣費可用了，會比第一年更辛苦。事實上，他們第二年的確碰到一個危機：連續兩個月，業績奇差。我告訴他們，必須做個選擇：把一萬美元的準備金拿出來，或是兩個月不支薪。他們選擇了後者。

儘管有這次的危機，巴比和海倫顯然已經抓到竅門。一年半來，他們每個月都盯著數字，注意各產品別的營業額和毛利率，並緊盯著十項左右的費用。我告訴他們：「隨著事業成長，費用增加是正常的，只要小心一點就行了，有時候這是沒辦法的事。」但巴比勇敢的面對挑戰，而海倫似乎是越來越有信心。

讓自己鬆懈，是嚴重的錯誤！

在事業上讓自己鬆懈下來——也就是：認為自己已經脫離險境，可以高枕無憂——是個嚴重的錯誤。

我說的不只是新公司，還包括任何規模、處於任何發展階段的公司。任何事業都會出現根本的變化，而這些變化好壞都有。在我看來，事業是活的，而活的東西就會有變化。人會變，樹會變，事業也會變。事業會變，是因為客戶可能出現不一樣的需求、因為你開始賣東西給不同類型的客戶、因為新的競爭者加入市場等等，理由可能有好幾十個。但這些變化通常是隱伏的，剛開始發生時，你可能無法察覺。如果這是不好的變化，而你又不能迅速加以監控，你便可能因此毀滅。

當我開始和巴比及海倫追究數字時，我想到這點。我想的不只是他們眼前的生存問題，我要他們從頭開始檢視事業的變化情形，讓他們意識到事後注定會發生的變動。我這麼做，還有另一個目的：畢竟，我們已經知道，他們的事業不會一直停留在草創階段，我們必須知道這個階段何時會結束。這就是我所謂的「臨界量」。

我用「臨界量」這個詞，來表示一個很特別的門檻，所有成功的新事業，遲早都要跨過這個門檻。

通常，這和一家企業是否在某些關鍵因素上達到一定的水準有關。這些因素，可能是客戶基礎的規模，也可能是有效客戶的數量。臨界量的類型也許多達十種，但不管有多少種變化，對每個事業來說，都可以轉化成同一件事：現金流量達收支平衡，並自行循環，生生不息。我指的不是損益表上的損益兩平，我談的是達到一種狀態，每個月所自行產生的現金，足夠支撐事業，而且成長所需的新投資，可以不向外界籌措。

對任何一個新成立的事業來說，這是一大轉捩點。在達到臨界量之前，企業羽翼未豐，要靠外部資本才能生存，就像身上還帶著臍帶。過了臨界量之後，企業就是個獨立而自給自足的個體，可以不靠別人，自己闖出一片天地。當你證明自己的事業可存活之後，這就是你的下一個目標。問題是，你必須搞清楚達陣線在哪裡。

例如，我們認為巴比和海倫的臨界量，與他們的客戶基礎有關。簡單講，就是他們的常客數。做了一段時期之後，我們看到，客戶傾向於黏著他們，幾乎是自動的再下訂單來買東西。有些客戶或許要用傳真或電話稍微推一下，但也就是這樣而已。因此，一旦巴比和海倫的客戶基礎夠大，他們就會有足夠的營業額來打平。問題是，他們需要多大的客戶基礎才能達到這點？

這個嘛，如果你知道常客約略多久下訂一次，你就可以把客戶數，轉化成具體的銷售量。也就是說，你可以預測，在一段期間裡──譬如說，一年──就這個客戶基礎，你可以得到多少的營業額。這並不是說，你從這群客戶身上所得到的營業額每月都一樣，而是好、壞月各不相同，相互抵銷。而且，因為我們知道巴比和海倫的毛利率、費用、壞帳率，及收款和付款天數，我們還可以預測這些營業額所能帶來的現金流量。

如果你能夠建立現金流量、營業額，和其他因素之間的相關性，你就可以輕易地設定臨界量。就巴比和海倫的案例來說，我們知道，他們平均每個月必須有多少的現金流量，才能讓事業自給自足，於是，我們可以把這個數字轉化成每個月的平均營業額。然後我們可以計算，產生這個營業額所需的客戶基礎是多大，這也就是他們的臨界量。一旦達到臨界量，他們就不用再靠海倫的儲蓄來應急。只要產業沒有發生大變化，他們只要把客戶基礎維護好就行了。

跨過了臨界量之後，一門事業的成長，就變成選擇的問題。和之前比起來，這顯然是一大改變──一個可以預見的改變，也是好的改變，但這個改變，還帶來重大影響。

心無旁騖，先把事業做起來再說

只要你的事業還得靠外部資本才能生存，你就必須別無旁騖，專心把事業做起來。例如，你必須對新產品或新服務的實驗非常小心，至少在你把基本業務做到極致之前必須如此。你沒有本錢去實驗，你沒有時間也沒有錢。這要回歸到我所說的那些法則，而這些法則全來自一個基本事實：你是靠著有限資本生存的。你必須在資本花光之前，盡一切力量，把事業做起來。

過了這個階段，整個局面就會完全改觀。你不再是用存款、銀行貸款，或其他投資人的資金在玩。過了臨界量之後，你就是靠自己內部所產生的現金過活，你會有利潤拿去存銀行。也許你決定把這些錢拿一部分再投進去，而我認為你應該這麼做。

探索新方法非常重要，尤其是如果你已經有很強的客戶基礎。你也許會想貸一些款，再用利潤去還這些貸款。沒錯，這麼做的風險稍微增加，但你有能力去冒一些險，去做一些實驗，因為這時候的你，是用自己的錢在玩。如果明智的投資，你還有機會讓你自己和客戶雙雙受益，並強化事業。因為你已經達到臨界量，可以去冒險，而不至於讓事業陷入危機。

這不是說，你就可以變得毫不在乎。不幸的是，很多企業家在達到臨界量之後，就會變得不在乎起來。他們通常靠運氣和本能達到臨界量，卻不理解事業的變動狀況，也不知道自己染上了業務員心態。總之，他們達到臨界量了，而業務員心態也開始失控。全新的情緒成了主角，他們害怕衰退，因興奮、得意和熱情而樂觀。他們把謹慎拋諸腦後，想要抓住每個新機會。如果你的基礎事業夠強，可以暫時把謹慎拋諸腦後，但你遲早會陷入困境，除非你堅守原則並時時注意數字。因為，數字會幫你平衡情緒，讓你居安思危。它們會提醒你，雖然現金能自給自足，但也不是無限的，還是有花光的可能。

因此，你必須避免激情，必須學會如何避免做情緒性決策。這個學習過程很長，但很重要。因為，在經營事業的你必須盡量客觀，並且盡量搞清楚你在做什麼、為什麼做，和做了之後可能有什麼後果。你可以利用一些管理工具來幫忙，讓你得到一些想法，最後你可能還是決定要做些情緒性的決定，但至少，這是你經過抉擇之後的結果。

巴比和海倫做了兩三年之後，就進入了這種狀況。他們面臨好多的抉擇——要有多快的成長？要變得多大？要一直在家裡做嗎？要聘請員工嗎？這都得看他們的決定。這時候的他們，已經有工具來做出聰明的抉擇。

最重要的是，他們已經達成原先所設定的目標。他們的營業額從第一年的一六二三〇〇美元，增加到第三年的四八二〇〇〇美元，而且毛利率穩定保持在三九%。他們已經財務獨立了！

「事情的變化很有意思，」海倫在回顧時說：「幾個月前，巴比問我：『如果他們要我回去做以前的工作，你覺得怎樣？』我說：『免談。』我再也不要別人來同情了。我們幹麼要放棄自己的才華？我們夠聰明，可以自己養活自己。我想，我們已經比以前更安穩了。」

「只要你是為別人工作，就一點兒保障也沒有，」巴比說：「真的——尤其是在今天這種環境更是如此。看看我們那些被裁員的朋友。我告訴她：『我絕不會再碰到這種事了。』我覺得這樣很棒。」

「巴比老是說：『保障不是來自工作，而是自信。』」海倫說道：「結果證明他對了。」

「沒錯，」我說：「根本就沒有所謂有保障的工作。唯一有保障的，是你對自我價值的感受，和你的賺錢本事。」

「他甚至連還在為別人工作時，也這麼說，」海倫說道：「我以前一直以為，這只是他樂觀派的說法。但你知道嗎?·這是真的。」

師父的竅門

1 別讓情緒引導你做出倉卒的決策，這會讓目標更難達成。

2 你一定要了解現金流量的狀況，並事先搞清楚，現金要從哪裡來。

3 要控制業務員心態，並及時以生意人的心態加以平衡。

4 對數字要敏銳，學著去預期並掌握事業變化。

第2課

培養你的韌性

在我初次擔任史東夫婦創業導師的那幾年中，我也和好幾十位正要創業，以及已經創業的人合作。他們經常問我，一個成功的創業家要具備什麼條件？

我告訴他們，最重要的特質，就是**韌性**——一種從失敗中反彈、在逆境中起死回生、從自己的錯誤中獲益的能力。

每個人都會犯錯，會犯一大堆的錯。而且，只要繼續經營事業，就會不斷犯錯。當然，我們希望最後我們能學乖，不再犯錯。但算了吧，不犯錯是不可能的，頂多新錯和舊錯有所不同，但其痛苦則無二致。它們同樣讓你煩惱，同樣讓你抓狂。不管怎樣，記住：失敗仍然是最好的老師。這點很重要，只要你敞開心胸，接受失敗所帶給你的教訓，你就會做得不錯。

我的檔案倉儲公司——城市倉儲（CitiStorage），就是個典型例子。我還記得好多年前，我們失去了一個大客戶。那是星期五的下午五點（不知道為什麼，這種事總是發生在星期五下午五點），我正在車上，一個業務員打電話給我，說我們剛剛收到這個客戶（一家大型的律師事務所）的傳真，宣布他們打算在三個月後合約到期時，把放在我們這裡的箱子搬走。

要知道，在這個行業裡，把箱子搬走可是件大事。對客戶來說，搬走不只麻煩，還得付各種搬遷費，因此，客戶出走無異是種強烈宣告。這次的事件毫無預警，簡直就是青天霹靂。我呆住了，「你說什麼？」我問同事：「老兄，我們怎麼會丟掉這個客戶？到底怎麼回事？」

這位業務員不知道答案，而且我們也得不到客戶的答案。律師事務所那邊負責這件事的人不願意見我們，也不願意在電話裡和我們談這件事。我們緊急聯絡，只得到敷衍的回應：「這件事已經定案，沒什麼好說了。」

顯然，我們搞砸了。公司裡和這個客戶很熟的人，早在五年前就離職了，而我們沒有和這位客戶保持應有的親密關係。收到傳真之後大約一個禮拜，我擬了一份提案，終於有機會和這家事務所的執行合夥人見面。但沒有用，這個案子已經回天乏術了。我們可以提供更好的價錢，但無法挽救多年來所埋下的惡果：我們的競爭對手把客戶挖走了。

於是，我把經理和業務員集合起來，說：「我們從這件事學到什麼？未來我們要如何調整？」我知道，真正的教訓不在於我們犯了錯，人總是會犯錯的。我們之所以失敗，是因為我們拖了太久才發現錯誤。我們決定，從此以後要在合約期滿的八個月前，就去找客戶談新合約。如果客戶有點猶豫，我們立刻就知道有問題——而這時，我們還有時間處理。

當我們一開始執行這個政策，馬上就有重大發現。有些客戶非常不滿意，而我們竟然不知道。有一個客戶對我們的系統把資訊放在網路上感到很不高興；於是我們改了。另一個客戶覺得他應該得到較優惠的費率，因為他的量已經大幅增加；客戶沒錯，我們趕緊補救。第三個客戶不喜歡我們庫存系統中的某個部分；我們加以修改。第四個客戶對我們沒有定期寄報表給他們感到不悅；我們開始寄報表給他們。

於是，在實施新政策的四個月當中，我們做了四項改進，討好了四個客戶，並穩住這四個客戶，而這些好處，全來自一個失敗。長期來看，事實證明，這次失敗對公司是一大好事。

你是不是染上了「土撥鼠節症候群」？

顯然，如果你不從失敗中學習，你的韌性就不會增加。這對有些人來說有點困難，他們都患了我所謂的「土撥鼠節症候群」。這是一種陷入自我毀滅行為模式的傾向，就像比爾．莫瑞（Bill Murray）在電影《今天暫時停止》（*Groundhog Day*，譯註：原片名指的就是土撥鼠節，每年二月二日的美國民俗節）裡所演的角色。

我就認識一個這樣的人。這人開了一家服飾公司，生意很成功，然後就開始花大錢，給自己和太太蓋豪宅。後來事業碰到麻煩，他無計可施之下，最後把事業和豪宅都丟了。接下來他怎麼做呢？他又去開另一家服飾公司，把生意做起來，花錢蓋另一棟豪宅，接著生意出問題，他又失去公司和房子。

這種事，不像你所想的那麼罕見。我認識另一個人，他把買公司當成習慣，向投資人募集大量資金，然後付給自己非常高的薪資和福利，以至於公司不可能賺錢。當然，他相信自己買的每家公司都會非常成功，所以他拿這麼多錢是應該的。但是最後他的下場和開始時一樣：一文不名。而他就這樣搞了五次。

或者，看看我的朋友勞夫（不是真名）。他的垮臺，肇因於槓桿操作。他非常擅長開公司並把生意做起來，但接著他就像瘋了似的開始借錢，追逐每一個事業機會。他會用盡各種手段來取得信用——甚至還在財務報表上動手腳。詐財其實不是他的本意，他只是太關注在成長上，而沒有考慮到失敗的可能性。通常當你過度追求某件事的時候，就會出問題。遲早，勞夫一定會陷入一大堆的困境。

這些案例或許有點極端，但「土撥鼠節症候群」並不是罕見疾病。在某種程度上，我們都有一些心智習慣和思維方式，會一再的害我們陷入困境，而我們卻很難改變。例如，我們都不喜歡承認自己就是問題的來源，總是有別的待罪羔羊——那些沒按照我們意思去做的人，或是我們無法控制的因素。把自己的不幸怪罪到他們頭上，總是比自己一肩扛起要來得容易，因此，我們讓自己脫罪了。

然而，這麼做只是在自己害自己。面對自己的弱點，我們才能學到最有價值的教訓。

接下來我要講的，是我自己的經驗，也就是我事業上最大的挫敗：我的快遞事業，在一九八八年破產。我從無到有，建立了「理想快遞」（Perfect Courier），營業額達三千萬美元，連續三年登上《企業》雜誌五百大成長最快的未上市公司；後來和一家上市公司「城市郵遞」（CitiPostal）合併，並於一九八七年打進《企業》一百大成長最快的上市公司。但我還不滿足，我的夢想是建立一家營業額一億美元的公司。於是，當我看見一條捷徑，就毫不猶豫地走了進去，一九八七年，我併了一家七千萬美元的公司，叫做「天空快遞」（Sky Courier）。

結果，天空快遞根本是家有問題——而且是大問題——的公司。一開始，公司就急需挹注五百萬美元的現金，我決定從理想快遞拿出這筆錢。這麼做，本身未必有錯，因為即使天空快遞倒了，這筆錢血本無歸，理想快遞還是可以生存，並和以前一樣的成長。

但我很快就發現，五百萬還不夠。天空快遞另外還需要二百萬，我同樣決定從理想快遞拿錢出來。接著，我還同意由理想快遞為天空快遞做數百萬美元的信用擔保，以撐住該公司。

這兩個動作，是非常嚴重的錯誤，讓我的主要事業陷入危機。我當時其實也知道，第二次所投入的資金如果賠掉了，理想快遞會跟著受傷。而且如果信用擔保的部分也出問題，理想快遞可能也會跟著倒。

但儘管危險，我從沒想到要回頭，也不認為自己應該回頭。我認為自己當時有把握處理各種問題，以前也遇過困境的我，以為自己所向無敵。後來所發生的一些無可避免的事件，我事先想也沒想到。

首先，是一九八七年十月的股市崩盤。專印金融刊物的印刷廠受傷尤其慘重，而天空快遞有許多業務，就是來自這些印刷廠，一夜之間，業績就掉了五成。於此同時，已經問世二十年的傳真機，也突然達到某種臨界量，對快遞事業帶來毀滅性的效果。越來越多人不用快遞寄送文件，而改用傳真。幾個月後，理想快遞的業務就掉了大約四成。

我們抵擋不住這兩個因素結合所帶來的威力，一九八八年九月，公司申請破產保護。三年後，當我們走出破產保護時，員工從三千多人，縮減至五十人左右，營業額也從一億美元，降到連二百五十萬都不到。

是「我」讓自己暴露在風險中……

相信我，這真是一場震撼教育。好幾年之後，我才理出頭緒，了解事情真正的來龍去脈。花了這麼長的時間才搞懂，我當然有很好的藉口——畢竟，誰能預料到股市崩盤和傳真機，會聯手摧毀我們？但我心裡很清楚，怪罪環境只是藉口，真正的問題是：為什麼公司會這麼容易就被擊垮？為這個問題找答案，對我來說極為困難。這表示我得承認這次破產，和我的個性及決策錯誤有很大的關係。無論如何，我最後還是強迫自己去認識我所知道的真相。

我創立了一個可愛、安穩而又賺錢的事業，然後讓她暴露在超出能力外的風險裡，進而摧毀了她。而我之所以這麼做，純粹是個性使然：我喜歡冒險。我喜歡跑到懸崖邊往下看，這是我「土撥鼠節症候群」的症狀之一。這次，環境把我推下斷崖，而我其實打從一開始就不該靠近斷崖。我冒了一個愚蠢的險，讓我所擁有的一切陷入險境。結果，好幾百個人失去工作，還有好多人——包括我——飽受夢魘之苦。

儘管認錯如此困難，事實證明，「坦然面對」是我從商生涯中，最如釋重負的體驗。我並沒有要改變自己的個性，我知道我辦不到，而且我也不想這麼做。

我開始把焦點放在自己該如何做，才能避免這輩子重犯土撥鼠節的毛病。例如，我知道我很少聽別人的忠告，很多很好的建議常被我忽略。於是，我訓練自己要更仔細地聽，不論我接不接受，都至少要去理解這些建議。我還特別重視那些專長和我不同、但判斷力受我推崇的人的意見。我還定了幾條規則，強迫自己在做重大決策之前，一定要徹底想清楚各種結果。

然而，這主要是調整我對風險的思維。別誤會我的意思，我還是和以前一樣愛冒險，但我後來所冒的，都是算計過的風險。我尤其會去計算，萬一決策錯誤，會讓多少人丟掉飯碗。毫無疑問，這是我在整起事件中所學到的最重要一課。經歷了裁員的痛苦，我對執行長的責任，有了全新的認識：要對員工的生活，負很大的責任。

基於這個認識，我發展出一套基本規則，用來評估我所做的每一項重大決策：一定要把資金來源保護好。當你有個還不錯的事業，就必須把這個事業的前途列為第一優先，而且絕對不做任何會讓這個事業陷入危機的事。你還是可以從事風險性投資，只要你能確保即使投資慘賠，或是發生任何意外災難，你的核心事業都還能很安全。

從此以後，我一絲不苟地嚴守這個規則。結果，我的事業更健康，而我也更滿意。最棒的是，每天早上醒來，我知道那不是土撥鼠節——除非是二月二日。

眞不敢相信，被你逮到了商機

除了韌性以及從失敗中學習的能力，企業家也需要紀律和專注。沒有創業過的人不了解這點，他們以為，成功的祕訣就在於找到好商機而已。

我記得有一天，一位老朋友來我的檔案倉儲公司看我。他已經好幾年沒來過公司了，當他看到倉庫裡成千上萬的箱子時，他簡直不敢相信自己的眼睛。

「真不敢相信，」他說道：「你看到一個商機，隔天就把它變成一個成功的事業。這真是太神奇了！」

才怪呢，我心想。那時候，我已經花了超過十年時間來打造倉儲事業，只是很多人不想聽這個，他們寧可認為，成功的企業家可以點石成金；只要找到商機，然後……變！馬上就變出一個事業。

這是創業上的一大迷思，讓很多原本可以成為企業家的人陷入困境。他們浪費時間和金錢去尋求商機，希望找到一個保證成功的機會。但是，世界上充滿了各種大好商機，就是沒一個能保證成功。找到機會是最簡單的部分，困難的（也是不可或缺的），是維持紀律和精力，專注在一個機會上，直到你把它轉為一個可以獨立生存的事業為止。

創業的過程中有兩個階段，特別需要專注，太多的機會可能造成分心，甚至失敗。第一個階段，是從你準備要投入時開始。許多人會擔心自己做不到，因此容易被各種映入眼簾的機會所迷惑。很多人來找我談的時候，往往同時考慮著十個不同的事業點子。他們想知道，我認為哪個點子最有前途。我告訴他們：「你問錯問題了，你應該問的是：『我想要投入哪個事業？我最喜歡哪一個？哪個最適合我想要過的生活？』」

如果你是很認真的想要有自己的事業，打從一開始，你就必須從所有的機會裡挑出一個。不管原因是什麼，這個點子一定要最吸引你。然後，你必須進行徹底的研究，如果能安排在這個產業裡工作一陣子，最好。不然，你至少應該盡量去找這個產業的業者，了解實際運作方式。包括從同業公會取得資料、與相關產業人員交談和拜訪客戶等等。

記住，你要有長期投入的準備。你應該計畫花至少五年的時間，全心投入在事業上。我不是要你忽略生活的其他部分，但在工作上，你必須完全投入在你所選擇的道路，直到公司穩下來，通常，這要花很長、很長的時間。

換言之，你要評估的，不僅是你是否喜歡這個事業而已，還要判斷你是不是做得起來。這很重要，你是否具備在這個產業裡成功所需的資源和技能？你認為這個事業可以幫助你達成目標，真的嗎？你會發現，這些問題很難回答，除非你專注在某一個特定的機會上，並把其餘的機會拋諸腦後。

學習聚焦，才是成功之鑰

在你下定決心、開始打造新事業之後，下一個階段的挑戰更大。你很快就會發現，機會多得超乎你的想像——包括你事業的內部和外部機會。你會發現，這些機會都非常誘人，一不小心，你就會失焦，但聚焦，才是成功之鑰。

在任何事業的草創階段，你所應該考慮的機會只有一種，就是：建立客戶基礎，讓事業「做起來」的機會。所謂做起來，是指事業可以靠營運所產生的現金流量，自給自足。首先，你必須搞清楚哪種客戶可以給你這種基礎，並懂得如何把他們拉進來。之後，你必須持續不懈地專心建立這個基礎。

這並不容易，需要許多的紀律，而大多數人可不是天生就具備這樣的紀律。看看巴比．史東吧，我在第一課談過，他就是個典型。我認識許多首次創業的人，大都無法保持專注。他們忘了，在事業草創初期，時間和金錢這兩種資源是有限的，自己並沒有本錢去揮霍其中任何一種。注意，我並不是要你完全把眼睛蒙起來。雖然你需要專注，但不能故步自封，畢竟，你原先的想法未必行得通。

我原先對檔案倉儲事業的想法，就是行不通的。我開始做的時候，沒辦法從業界人士那裡得到太多的資訊，所以我們不了解一些基本的東西，諸如如何找客戶、要收多少錢等等。不過，由於我們的快遞事業透過具競爭力的價格、優秀的服務和先進的科技，就做得很好，於是，我決定用同樣的方法。

我們的目標客戶，是大型律師事務所和會計師事務所。我們到這些事務所主管所參加的商展上，設展示攤位推銷。我們承諾以競爭者同樣的價格，提供他們意想不到的服務。這些價格事實上遠低於我們所設想的水準，但還足夠讓我們賺到合理的利潤。但你猜結果怎樣？徒勞無功。一個客戶都沒拉到。這時，我們的銷售和定價方法非改不可。

因此，你必須既專注又有彈性。你不可以分心到各種機會上，但也不可以專注過了頭，忽略了問題的徵兆。有時候，問題是會有一些徵兆的。剛開始經營時，很多事情絕不會完全按照你原先的想法進行，你必須想辦法讓它發揮作用才行。你必須去觀察、傾聽、提問題、實驗、做改變、修正你的觀念，並不斷開發你的客戶基礎。創業就是這麼一回事，而且大多數人都能成功——只要你在過程中不要失焦，最後就會有很大的報酬。你的事業會變得很強壯，不再需要你。然後你可以去追求你心中其他的事業機會。

。請教師父

出身寒微，也能創業嗎？

師父，您好：

高中時，父親和我會做些家具拿到工藝展去賣。這個事業要發展很容易，但我父親不想做大。現在，我姊夫和我正討論要開創一個家具事業，做成一家大公司。問題是，我們無法想像自己是否辦得到。兩個出身寒微的人，要怎樣才能克服困難，想像自己在一個完全不同於以往經驗的環境下，闖出一番事業？

傑斯

親愛的傑斯：

聽起來你好像已經想像出你所要開的公司的樣子。我認為，其實你有另外兩個問題。第一，你對自己的信心不夠。你比自己所想的，更了解你的事業。第二，你看太遠了。在你開工廠之前，必須先有生意，而幾乎所有的生意，都是從小型做起的。我建議你和你姊夫，先把未來五年想要做到什麼樣子的計畫擬出來，然後找出一個還不錯的短期目標。你或許可以採用你父親的方法，把家具拿到工藝展去賣，然後在銷售時建立人脈，告訴大家，你想開公司。有些人也許願意從旁協助。另外，你還要找一個創業過的人來指導。窮人出身，並非經商的障礙。

諾姆

善用你的「眼角餘光」

關於「彈性」，容我再多說幾句。我要說的，是我所謂的「眼角餘光」，也就是一種從眼角餘光所看到的景象，替那些別人認為無法解決的問題找到解決方案的能力。

我在二〇〇〇年開始做資料安全銷毀事業時，就碰到了一個這樣的問題。

我創這家公司的時機非常好，才幾年的時間，公司瘋狂成長，每個月的營業額都成長一五〇%。這看起來令人興奮，但也凸顯出這個產業裡，每家業者所面對的一個關鍵問題，就是：缺乏一套現成軟體來記錄工作、產生財務報表，和自動收款流程。

我們到處去找可以處理這些作業的軟體。我們和好幾十家資料銷毀公司談過，發現他們也全都和我們一樣面對同樣的問題。我們也去找別的可能有類似軟體需求的產業——例如瓶裝水配送商，結果卻發現彼此的狀況並不類似。我們甚至還聯絡我們檔案倉儲事業的軟體供應商，試圖說服他們，為資料銷毀產業開發類似的軟體。他們說，他們願意開發，但得過一陣子再說，因為市場還不夠大，不宜大幅投資在資料銷毀業的產品上。「再等幾年吧。」他們說。

但我們不能等。沒有適當的軟體，我們被迫用人工來做所有的紀錄和開帳單作業。光是開帳單，每個月就要花三到四天。錯誤在所難免，帳單沒有統一格式，客戶抱怨連連。而且，我們業務量的成長如此之快，我們可以預見在不久的將來，問題會越來越嚴重。

「我們必須想點辦法。」我的合夥人山姆說道。

「是啊，但有什麼辦法呢？」我問。

「我不知道，」他說：「大家都說不可能，但一定有辦法。」

我想，就是這個時候，我決定不管有多大的困難，都要找到解決方案。資料銷毀業所提供的服務非常多元，讓這個挑戰更為棘手。拿我們公司來說，約有四〇%的營業收入來自專案，其中大都是所謂的「清理」——客戶長期累積了大量的敏感資料，想請我們一次統統銷毀。我們去拿資料，取出來，銷毀，然後給客戶一個證明，表示資料已經以安全的方式銷毀。

另外六〇%的營業額，來自定期服務的客戶。這些客戶把上鎖的箱子擺在自己的公司，每個箱子有個孔，讓員工把需要銷毀的敏感資料投進去。但箱子分兩種，而且處理方式不同。有的箱子看起來像個家具，我們稱之為「櫃子」，我們的服務人員會進去把裡面的東西清出來，櫃子就留在原處。另一種箱子看起來像個有輪子的大型塑膠垃圾桶，我們稱之為「滑櫃」，假如客戶用的是這種箱子，服務人員就會把整個箱子推出來，並換上一個空的。

於是，有的箱子會留在原處，有的會搬來搬去；再加上專案，沒一個相同。此外，箱子的大小不同，價格不同，對每個客戶的收款條件也根據箱子數量、大小、服務類型、收件頻率等等條件而不同。我們需要一個記錄與收帳系統來處理所有的變數，這樣的系統不容易找。一個適合固定式箱子的系統，不適合滑動式的箱子，反之亦然。而且，箱子的作業方式也不適用於專案。這就是為什麼大家都束手無策。

然而，我的直覺告訴我，我們都用了錯誤的方法來解決這個問題。大家都在尋找全面性的解決方案——一套包山包海的系統。假如，一次只解決問題的一部分，會有什麼結果呢？

我無法告訴你，我到底是怎麼想出答案的，這牽涉到所謂的「眼角餘光」。我知道其他人都專注在專案上，於是我決定從另一端開始：箱子。總之有一天，我走進我們公司總裁路易・韋納（Louis Weiner）的辦公室宣布：「我有辦法了。我們可以把所有資料銷毀作業都放進電腦了，而且還不需要新軟體或新設備。」其實，我當時還沒有完整的解決方案。有一部分我還沒有答案，但我覺得，和路易討論之後，應該會想出來。

他非常懷疑地看著我。「好吧，說來聽聽吧。」他說。

「我們可以用和處理紙箱相同的系統。」我說。我先解釋一下，在我們的檔案倉儲事業裡，我們用條碼和手持掃描器來記錄紙箱。我們寄條碼紙給客戶，請他們貼在每個紙箱上。當我們的司機去收紙箱時，他就把條碼掃進去，掃描器會吐出一張收據，交給客戶。回到辦公室，把資料下載到我們的電腦，就可以產生發票和報表。

「你在想什麼？」路易問道：「在每個箱子上貼條碼？」

「差不多，」我說：「你可以每個櫃子貼一張。而滑櫃部分，你可以在背後放個小塑膠套，套子裡放一片條碼，用來標示位置、客戶，及箱子的種類和大小。當服務人員來的時候，他就把條碼掃進去，並把這個條碼從他要拿走的滑櫃取出來，放到他要留下來的空滑櫃。於是條碼就會留在原地。」

路易想了一下。「好，」他說：「那專案要怎麼做？」

「嗯，要怎麼做呢？」我問，因為我也沒答案。

「這占我們業務的四〇%。」他說。

「不，」我說。我突然想到：「這占我們**營收**的四〇%。我們一個月有幾個專案？」

「我不知道，」他說：「五、六個，頂多十個吧。」

「我們公司總共約有一千個箱子，對吧？」我說：「假設我們把每個箱子看成一個專案，而且假設每個箱子一個月清一次，那麼，專案就是我們一千零十個案子中的十個案子。這不是四〇%，而是不到一%。我們已經解決百分之九十九的問題了！」

路易不置可否。

「一個月十筆專案的資料，要花多少時間輸入？」我繼續說：「十五分鐘？半小時？根本就不算什麼。這用人工處理很容易。」

路易坐著想了一會兒。然後他開始慢慢點頭。「好吧，這值得一試。」他說。

不過，我提出的這個解決方案，並不像一開始所想的那麼簡單或完美。我們必須做一些實驗，找出哪一種條碼最好用。在檔案倉儲業，我們會針對不同的目的，使用不同類型的條碼。最後我們所用的條碼，可以提供所有必要的資訊，但只容得下九九九九個以內的各種大小箱子。不過這也夠我們用好幾年了，到時候我們必須再做一次調整。同時，我們解決了記錄和開帳單的問題，還帶給客戶一個好處：電腦產生的收據和發票。系統讓我們把工作記錄得更仔細，同時也讓客戶更能密切地監督我們，並讓他們對我們帳單的正確性，有更大的信心。這就是我們相對於競爭者的優勢——至少在他們開發出自己的系統之前。

。請教師父

老鳥該如何轉換跑道？

師父，您好：

我四十九歲，正想要轉換跑道。我在一九七五年開了一家貨運行，一九九〇年代中期，我們成長到二十八名員工，於是我在一九九七年決定把公司賣掉。賣掉之後我休息了九個月，蓋了一棟房子，並開始找新工作。後來我到一家電腦公司當業務員，但和老闆處不來。我以前沒當過員工，搞不懂老闆「國王新衣」的心態，兩年後我因為不聽話而被開除。休息一陣子之後，我又開始找工作。我在想，我是不是太固執而沒辦法為別人工作。我當員工會快樂嗎？有希望嗎？還是，他們根本不要我這頭老馬？

布魯斯

。

親愛的布魯斯：

我們很多人都因為太固執而無法長期當員工。我自己就再也無法為別人工作，但這並不表示我無法和其他人合作。你可以考慮當個獨立的約聘人員，例如外部業務員。如果很想擔任管理職，找家需要有創業經驗者的小公司去做。如果都行不通，那就創業吧。

諾姆。

X因子——一種教不來的成功能力

要成為一個成功的企業家，你還必須具備另一項特質——也許是最重要的特質。這個特質沒法教，也沒辦法學。你要嘛具備這個特質，要嘛沒有。

別誤會我的意思。我認為所有創業與成長的必要知識，都是可以學習的。不是每種新事業都可以做得起來，但正如我前面提過的，你可以培養某些心智習慣並遵循某些原則，讓成功的機會增加到最大，萬一失敗時，賠的錢最少。任何一個人，都可以學會這些原則。

但要成功的運用這些原則，你還需要其他的條件。這關乎性格，而不是技巧，而且深深地藏在身體裡面，你看不到。我甚至不確定，具有這種特質的人，在還沒經過測試之前，他們自己是否知道。不管知不知道，我所說的這個特質都是真實的，可以讓某些人完成其他人認為不可能完成的事。

我們來看看瑪琦。我是透過我太太伊蓮認識她的。這位單親媽媽有三個小孩，靠家教、教書和一些文書工作養活自己。然而，她並不快樂。她的夢想是開一家嬰幼兒托兒所。她和伊蓮談過這件事，於是伊蓮就帶她來找我。

問題是，在紐約州開托兒所極為困難，除非你很有錢，但瑪琦沒錢。在招收小孩之前，你得先有州政府執照，這得花一年才能取得，而且要通過一大堆的檢查。這意味著，你得先有一個已經蓋好的場地，符合所有消防、安全和健康法規的規定。因此，在執照還沒請下來之前，有一段很長的期間，你得支付房租和建造成本，卻沒有任何收入。萬一最後執照下不來，你就會血本無歸。而就算能拿到執照，這也只是開始而已，你還要經歷建立事業的過程。

和瑪琦談完，我很清楚，她成功的機會不大——頂多十分之一。她沒有錢、沒有做生意的經驗、也沒有合夥人給她支援。她從來都沒有請過員工，也沒有客戶。她沒有談過合約。不管做哪一行，她都會很辛苦，托兒所顯然完全超出她的能力範圍。但是，我很不想對追求夢想的人潑冷水，而且瑪琦心意已定，於是我答應當她的諮詢。

我們從弄清楚開一家托兒所需要什麼條件開始。障礙之高，讓人望而卻步。為了減少財務風險，我們決定：托兒所的場地最好用買，而不是用租的。這樣，萬一沒拿到執照，還可以把房子賣掉，也不會被長期租約給綁住。

於是瑪琦必須去找房子、簽約買下、做一些必要的整修、付房貸，而且當——應該說，如果——

執照下來，她還得忙別的事，我指的是市場研究、募集營運資金、確定價位等等。還有，她必須一邊工作，一邊忙這些事。

我原本以為，瑪琦會知難而退，但我錯了。她立即去做市場研究，調查當地每一家托兒所。她交到一個在別州開托兒所很有經驗的朋友，這個朋友給她非常多寶貴的建議。她去拿了申請各種執照所需的表格，問清楚自己必須進行哪些步驟才能拿到執照。同時，她不厭其煩地按照名片夾順序去聯絡，以籌集她所需要的資金。最後她籌到十五萬美元，幾乎全來自親朋好友。

但瑪琦最驚人的創舉，是不動產合約。她找到一棟屋主正在遷出的建築，屋主要搬到別的地方去，要求交屋日有個彈性。關於這點，瑪琦可以給他們很多彈性，她需要時間。她沒有經營紀錄，無法立即辦到房貸，而且她只付得起一小筆頭款，但她認為托兒所經營一段時期之後，情況會大為改善。

於是他們達成協議：瑪琦願意承接這棟建築既有的貸款，並按照成交價支付一小筆款項給賣方。而且賣方願意另外再借一筆錢給她，好讓她補足差額；等將來若瑪琦可以從銀行那裡借到更多錢，再把錢還他。此外，她和賣方所簽的交屋日，讓她可以在還沒開始付款之前，就有很長的時間來申請執照。這一來，她在草創階段的成本，遠低於我們的預期。

最後，瑪琦花了兩年的時間把所有的東西搞定。在她的堅持之下，托兒所於一九九九年七月開業了。這是個了不起的成就，瑪琦覺得自己終於達到目標了。

但事實上，最大的挑戰還在後頭。

為什麼？因為當你開張營業之後，每樣東西都變了。在問題的處理上，出現一種新的壓力，讓人覺得越來越急迫。畢竟，在你有客戶之前，拖延並不是什麼大災難。例如設備來遲了，你也許會感到惱怒與挫折，但後果不會太嚴重。但當你開業之後，員工不來上班，或是客戶的要求你無法滿足，這就是另一回事了。

你必須做決策，必須採取行動。突然間，你會發現自己被問題給淹沒了，而且每個問題都必須立即回應。如果你是第一次創業的人，你很可能對每個問題都有相同的反應：驚慌。雖然大多數的問題都是可以解決的，但對這時候的你來說，每個問題看起來都像個大災難。

要成功，你就必須克服驚慌。你不只要對自己處理問題的能力有信心，還要整個改變思考問題的方式。你必須接受，「問題錯綜複雜沒完沒了」是經營過程正常的一部分，而且你必須學著去享受這個過程。怎麼做呢？就是沉浸在尋找解決方案的樂趣和刺激當中。

有些人無法做這種轉變，我當時認為，瑪琦或許就是其中之一。因為，她在做決策時會覺得很不舒服。她喜歡徵詢一大堆的意見，然後仔細思量。在某些情況下，這種性格也許是一種美德，但這不會讓創業過程變得更容易。

事實上，瑪琦在頭幾個月似乎非常悲慘。她很挫折，被打垮了，不知道如何應付家長。她認為自己永遠找不到所需要的員工。她所找的員工老是遲到早退，迫使她得為了找代班人員——好符合州政府所規定的成人對兒童比例——而疲於奔命。每個問題似乎都難以克服，每個問題都讓人覺得好像是最後一根稻草。

在克服萬難終於開業之後，瑪琦很洩氣的發現，她所面對的問題比以前更多。我想，她應該是不適合做生意吧。幸好，我們為她設計了「出場策略」。有一次，伊蓮提醒瑪琦，可以把這個房子賣掉，搬到別的地方，而不會有嚴重的財務惡果。

但瑪琦繼續經營下去，而且她的想法慢慢開始改變。我可以從她對我和伊蓮談問題的方式，看到這個改變。她不再把焦點放在問題有多嚴重，而是開始告訴我們可能的解決方案，並詢問我們的看法。同時，由於事業不斷成長，問題也更多了，但她的恐慌感日漸消失。第一年終了時，她顯然把局面控制住了。

那差不多是十年前的事了。如今，托兒所辦得非常成功，生意應接不暇，甚至出現候補的情形。至於瑪琦，她比以前更享受這種經營過程。她承認，起初她很討厭這個過程，曾經有一陣子認為自己很可能撐不下去。但她堅持下去，而且態度漸漸改變，開始了解，不管發生任何問題，她都有能力處理。

這是不是有個轉捩點呢？「是的，」她說道：「那就是當伊蓮對我說，我可以放棄的時候。」

瑪琦不知道是什麼力量支撐她繼續做下去，我也不知道。你可以說那是熱情、頑強、堅忍不拔、咬緊牙關或純粹只是固執。不管這股力量是什麼、來自何處，這是企業家最重要的特質。我們是成是敗，最後就決定於這一點。

師父的竅門

1 不屈不撓者終能成功。要有韌性以迎接失敗。這樣才能成為一個更好的生意人。

2 對於失敗原因，不要找藉口，並探討自己內心深處的問題，這樣你才學得到東西。

3 專注和紀律比尋找機會更重要，但必須用彈性來調和。

4 解決方案很少直接出現在眼前。你必須學習如何透過眼角餘光找到它們。

第3課

時間比金錢珍貴

人們在第一次創業時，得到的壞建議是如此之多，有時候我都覺得奇怪，怎麼還會有新公司存活？

比方說，你經常會聽到，要成功就要有獨特的產品或服務，要提供別人所沒有的東西，或是，你應該選一個競爭少之又少的行業，靠著獨攬市場而獲利。

我的建議正好相反。我從不要第一個進入市場，我喜歡有許多競爭者。是的，我也想要與他們有差異，但越多的人賺錢的產業，我就越覺得可以進去。

我是用三個標準來評估我的新事業，我想，首次創業的人八成也適用這三個標準。

第一，我所要的，是一個有百年以上的生意概念。好吧，也許不用到一百年，重點在於：這是個已經確立的概念，每個人都能了解。不要新概念，也不要革命性的概念，為什麼？因為，再也沒有比教育市場更昂貴的事情了。

一九八〇年代初期，我把快遞事業帶進亞特蘭大時，就在慘痛中發現這一點。當時，那裡的公司處理快遞的方法，是叫祕書坐計程車出去送包裹。祕書不要我們的服務，她們喜歡有離開辦公室的時間；而公司則壓根不知道他們需要我們的服務。我們必須做宣傳信、打廣告，並做公關促銷。而我們要教育大家的是快遞服務，不是什麼先進的新科技。我告訴你，那非常、非常的昂貴，害得我們受傷慘重。我寧可進入全世界最大、最競爭的市場，和其他幾百家公司進行肉搏戰。

如何才能跟別人不同

當然，如果你要跟別人競爭，你對待客戶的方式，就必須和別人有所區別。這就要談到我的第二個標準：我要一個古舊的產業。我所指的，未必是「過時的」產業。我所談的產業是，裡頭大多數的公司都和客戶脫節。或許是客戶的需求已經改變，但業者還沒注意到；也或許是現有業者的科技不夠先進。不管怎麼說，變化已經出現，而產業還沒跟上。

我的倉儲公司——城市倉儲，就是個好例子。我開始觀察這個產業時，注意到除了幾家大廠之外，檔案倉儲公司都在睡覺。他們的古老倉庫，是設計用來為客戶放死檔案的。於此同時，這個產業已經完全改變，大城市的房地產變得非常貴，客戶還想要有地方存放活檔案——也就是偶爾還會用到的檔案。這時的檔案倉儲業，正要轉型成檔案庫存取事業了，但好像沒人注意到這件事。鐵山

（Iron Mountain）和皮爾斯（Pierce Leahy）是兩大例外，這兩個產業巨人後來合併。他們看出了這個變化，並在郊區建造大型而現代化的檔案庫存取設備。在這過程中，他們成了產業的驅動力。

我覺得這裡有機會，但有些事我沒搞懂。其他業者怎麼會還在睡覺？他們為什麼還能生存？為什麼還沒有流失客戶？我發現，答案是：有些大客戶不願他們的檔案搬到別的地方。他們不願他們的資料遠離市區，萬一在一小時之內就要某個檔案，那該怎麼辦？

這就得到我評估成功新事業的第三個標準：利基。我要在市區建一個大型而現代化的設備，用最先進的科技，設計出專供檔案庫存取的設備，讓我和現有的檔案倉儲老公司有所區隔。客戶希望離他們的資料很近，我就靠地點來和產業巨人競爭。

事實上，對每一家新公司而言，擁有利基是關鍵所在，但原因和大多數人所想的不一樣。這和高毛利率有關，你必須確保新公司的資本可以撐得夠久，讓你把事業做起來。如果你是新公司，你就不能用價格競爭，因為你會倒閉。但你還是要搶客戶，這也意味著，你得在現有的費率下，提供客戶更多的價值。

問題是：你要如何在不增加直接成本、不削減毛利率，以及不花光創業資本的情況下，提供更多的價值？答案通常就在你所選擇的利基。

例如，我知道最新的檔案庫存取科技，讓我可以把天花板蓋得更高，從而降低我的直接成本。同樣是一萬平方英尺，我可以放十五萬箱，而其他人只能放四萬或五萬箱。

這，就是我建立成功新事業的三個標準：一個百年老概念、一門古舊產業，和一個利基。我知道，有些人會想：「假如每個人都採行這套標準，人類哪會進步？」是的，他們說得沒錯，我無意給天才們潑冷水，我完全贊成創新與創立新產業，如果你是愛迪生、史密斯（Fred Smith，聯邦快遞創辦人）或比爾．蓋茲這樣的人物，別管我的標準，放手去做、去改造世界吧。

只是，我們大多數人的創業目標沒那麼偉大。如果事業做得起來，還能夠成長，我們就心滿意足了。如果你跟我們一樣，那就接受我的建議：不要嘗試去把革命性的新觀念轉化成事業。找個不錯的老觀念吧。

如果要開公司，買現成的還是新起爐灶？

另一個你應該忽略的爛建議是：買家現成的公司，比自己從無到有去開創更好。這些人的說法是，買一家已經做起來的公司，你就能減少風險、節省經費，並且更快達成目標。

別相信！因為對大多數初次創業的人——尤其是那些從來沒經營過公司的人——來說，如果你從頭開始去建立自己的事業，存活的機會會大很多。

理由很多。首先，如果你不是一開始就參與事業起步，在學習上就比較難。你錯過了所有發生於草創階段嘗試錯誤的教育，不了解這個事業的關鍵關係，不知道緊急狀況發生時該怎麼辦。你犯錯的代價，遠高於公司還比較小、正要起步的時候。

而且，不管你學得有多快，你很可能發現，問題遠大於你在買公司時所討到的便宜。購併是很詭異的事，你可以盡所能的進行實質查核（due diligence），但你還是無法精確了解你所買到的公司，直到你付錢之後——通常，這時已無法反悔。就算很有經驗的生意人，也常會被購併所傷。至於沒經驗的買主，通常會對賣方、賣方的代表人或商業掮客（如果有的話）太仁慈，而賣方只有一個想法：成交。如果你不夠小心，就很容易買到爛貨。

這種事，差點就發生在喬許身上。喬許是個年輕人，好幾年前，三十出頭的他跑來找我，要我給他建議。他說自己正準備要買下第一個事業，需要我的協助。過幾天他要去赴會，在會議中他得簽一些文件，並交付十萬美元的訂金，其中六〇%不能退還。他父親是個加拿大企業家，認為喬許會鑄成大錯，但如果喬許能找個比較有經驗的人陪同去簽約，就沒有問題。喬許問我是否願意幫他看一下，並給他意見。我同意了。

原來，他要買的這家公司，是草本乳液的小型包裝廠，透過經銷商賣到專賣店和連鎖店。目前的業主是從家中創業做起來的，已經做了三、四年，而且業績還不錯，或者說，從財務報表上看起來很不錯。只是她懷孕了，想要出售求現。她開價二十五萬美元。

這家公司似乎就是喬許所要找的公司，價位符合預算，又有很多的成長機會。而且，雖然這家公司還很新，卻已經有不錯的利潤。根據他所收到的財務報表，這家公司的營業額為二十萬一千美元，稅前盈餘有四萬美元——將近二〇%的淨利。和前一年比起來，有著顯著的進步，該公司前一年的營業額為十七萬五千元，淨利則是一萬七千元。再前一年的營業額為七萬九千元，虧損一萬元。

因此，數字是往正確的方向移動。喬許認為，維持這個趨勢應該沒問題，接下來可以靠自己把事業做大——這是他多年的夢想，他等不及要開始了。他把賣方給的所有資料影本寄給我，幾天後，帶著賣方律師給他的合約密件草本，來到我的辦公室。他說，已經約好隔天早上簽約，並且支付訂金。

我告訴他，我認為他應該打電話給律師取消這個會議。

「什麼？」他說：「他們希望盡快，還有另一個買主在等呢。」

我說：「喬許，你還沒準備好，不能簽任何約。你可以打電話給律師，說你四十八小時之後再給他回覆。」

追根究柢，找尋你所需要的關鍵答案

問題在於：他沒有足夠的資訊，來回答最基本的問題——到底，你買的是什麼？他**以為**，自己買的是一家產品不錯的公司，但是，我們根本無法判斷這家公司的產品有多好、購併的價位是否合理。因為，他根本就沒有任何跟市場有關的資訊。

例如，他不知道前十大客戶是哪幾家，也不知道其營業額各占多少比率，以及這幾家每年採購金額的變化。同一個客戶會不會繼續購買？還是，這家公司必須不斷找新客戶，以取代流失的客戶？是否有一兩家客戶的營業額占了非常高的比率？如果有，為什麼？

還有，那些經銷商可靠嗎？該公司照規定，應付銷售額一五％的佣金給他們，那為什麼佣金占營業額的比率，是第一年一五％，第二年一二％，而第三年是七％？是負責的業務員走了，把他們的客戶留下來，成為「內部客戶」，還是另有隱情？還有，這家經銷商到底有多少名業務？他們每一個人所帶進來的業績是多少？而業績最高的，賺了多少錢？

當然，這才只是起頭。在喬許承諾買下公司之前，還有好幾十個問題，得先找到答案。但在我們還沒拿到過去二到三年按客戶別和業代別所列式的營業額之前，我看不出有進一步探討的必要。這些數字可以告訴我們，到底這家公司所生產的，是不是客戶想買、業代想賣的產品。沒有這些資訊，就不值得喬許花時間去研究是否要簽約，更別說付錢了。

喬許聯絡賣主，要求進一步的資料。她回說，還沒簽約之前，她是不會把客戶和業代的名單給他的。我告訴他：「沒關係。她可以用1、2、3、4來標示客戶，用A、B、C、D來標示業代，但在簽任何東西之前，你都需要這些數字。」

我還建議他，要求賣方律師修改合約，讓他的訂金可以在三週之內全額退還。既然他是倉卒決定，為什麼不能以任何理由，自由地改變心意？律師答應了，並把文件重新改過，但結果是，沒這個必要了。

幾天後，喬許收到他所要的進一步資訊。這些資料顯示了公司相當不同的一面。首先，僅有一五%的客戶——約占營業額的三〇%，會年復一年都回頭購買。換句話說，喬許必須更換八五%的客戶，以及七〇%的營業額，才能維持現狀。而且，他還必須用新的業務團隊來做：該公司業代每年的流動率，超過五〇%。

我們很難看出喬許買下這家公司會得到什麼好處。其產品或許沒那麼好，要不然，應該有更多的客戶會再回來訂購。而商譽呢？不可能有多強。專有的銷售團隊？反正買了下來他還得自己建立。至於開始營運所需的配方，他可以用遠低於二十五萬美元的價錢，請實驗室幫他做。也就是說：如果他真的想要一家草本乳液公司，應該自己另外開一家。

最後，喬許決定到此為止。他告訴賣方，他沒興趣再談下去。放棄這個機會讓他不開心，但他無法反駁這些數字。我最後一次看到他時，他正在找其他的公司，打算買下來。我不知道他找到了沒有——也許，他終於了解，應該自己開一家。

計畫書，是寫給自己看的

很多人對事業計畫書一直有個誤解，以為它是用來籌措資金的。當然，你的確需要資金才能把事業做起來，而你可能需要一份事業計畫書才能籌到錢。但錢不是你的**第一**要務，而且如果在還沒準備好如何聰明用錢之前，就把焦點放在籌錢上，你就犯了一個大錯。

不幸的是，從我定期收到的事業計畫書來看，許多人都犯了這個錯誤。我說的是那種精緻、四色印刷、厚達一百頁的事業計畫書，印在高級紙上，有照片、表格、圖形、圓形圖、流程圖，和各種你想得到的數據。我的意思是，這些計畫書很華麗，但通常會有一個問題：數字不合理。從現實世界裡經營的事業來看，沒有一家可以產生這樣的數字。

我記得曾經從一對夫妻那裡，收到一份看起來特別「專業」的計畫書，他們正打算籌五萬美元來開一家餅乾公司。根據計畫書，他們將用這筆錢來讓公司的營業額，在短短兩年內從零增加到二九〇萬美元。要知道，這樣的成長率，任何公司都極難達到，只有五萬元外部資金的餅乾公司，更是幾乎不可能。在你達到營業目標之前，你就會把現金花光。然而，這些數字白紙黑字，清清楚楚地寫在那裡，漂漂亮亮地加總起來，引起我的懷疑。

我猜這是沒什麼事業經驗的先生，用複雜的事業計畫套裝軟體寫成的。仔細看這些數字，我看得出他是如何湊出這麼離譜的計畫。首先，他用一個短得可笑的收款天數，大約是二十天，套進他的應收帳款；然後他認為他可以僥倖得到供應商延長收款期限到六十天。他還低估了他所需要的設備數量，而且認為只要他簽個名——不用任何擔保品——就可以用租賃的方式取得設備。這些假設沒一個合理。如果你換成比較實際的數字去算，你會發現，這對夫妻至少還需要二十萬美元的外部資本，才有希望在第二年讓公司的營業額達到二九〇萬。

我並不是暗指這傢伙蓄意欺騙。老實說，我認為這傢伙不知道自己在幹麼。我猜，他和大多數人的想法相同：迫不及待想要擁有自己事業，只想到要一筆錢，才能拋開一切開始創業。

那麼，要如何籌錢？用事業計畫書，對吧？因此，他去買了套軟體，這套軟體帶他一步一步做完整個計畫的寫作流程。然後他開始調整數字，最後得出一個計畫，顯示只用他認為可能籌到的資金，在兩年後就能達成目標。

這份計畫書非常精美，我做生意將近三十年，從沒看過這樣的計畫書，更別談自己動手做一本了。然而，計畫書內容寫的不是做餅乾的成功要訣，而是徹底的失敗要訣。

我強烈相信，你的第一份事業計畫書，應該是只寫給自己一個人看的，而且不需要特別的軟體。你只要盡可能誠實地回答四個問題：(1)你的想法是什麼？(2)你要如何行銷？(3)你認為生產或提供你所銷售的東西，成本是多少？(4)當你實際開始賣的時候，你預期會發生哪些事？

這四個問題的用意，是要你盡可能清楚地，把你認為事業要如何運作寫出來——你要賣什麼、用什麼價錢賣、你的客戶是哪些人、要如何找到這些客戶、收款期間多長等等。你必須對自己完全坦白，不可以讓你的經濟狀況影響你的思維。暫時先別管養家活口，或是籌集創業資本的問題，這些問題可以等適當時機再處理。現在，最重要的是把你的主要假設寫在紙上。

為什麼？因為在你向外界籌錢**之前**，你必須先測試這些假設，而不是事後驗證。在你還有機會修正時，必須盡可能的找出錯誤，越多越好。

而且，相信我，每個人的第一份事業計畫書都會犯錯，這和你是否聰明或小心無關。例如我在創立快遞事業時，認為我的應收帳款收現天數為三十天，經過慘痛的經驗後我才發現，我的收現天數是五十九天。當我開辦檔案倉儲事業時，我以為每個月的倉儲費可以一箱收三十五美分，事實上，我們發現，這樣根本就抓不到大客戶，除非降價為一箱二十二美分——比我計畫的價格少了將近四成。

你必須給自己時間去發現這些錯誤。這不是要你事先全部把它們抓出來，但你可以把它們減到最少。要怎麼做？去調查。去了解產業裡各家公司給上游供應商的付款天數是多少，以及應收帳款的收現天數是多少。去試賣幾筆，去尋找便宜的辦公室和辦公家具，去拜訪租賃公司，看看你能得到什麼條件。去做任何你想得到的事，盡量做好充分準備。之後，你才算準備好，可以開始寫一些花稍的東西，並開始找錢。

從長期觀點來看，這些調查將會是你在事業上所能做的最好投資。如果你有做功課，就比較有機會募集到你所需要的創業資本。更重要的是，對於如何花這筆錢，你將能夠做出更好的決策。而且你將大幅提升這筆錢可以撐到你不再需要它的機會——也就是說，直到企業能夠靠自己的現金流量自給自足。畢竟，這才是目標。

。請教師父

猛打廣告都沒效，怎麼辦？

師父，您好：

我剛成立了一家教育機構，但卻沒有人來註冊。我已經把我的資訊，地毯式地鋪到所有展覽會和節慶活動。我打過報紙廣告、也辦過招待會。我們的價格比競爭對手低，而且還不收註冊費，但就是沒有學生上門。我還可以怎麼做？

凱西

。

親愛的凱西：

千萬不要因為初期的行銷失敗，就認為事業做不起來。我開快遞公司時，一開始做大量信件廣告，並提供五次免費寄送。我得到「零」回覆。我感到很困惑，直到有一位行政主管告訴我：「我們每天要寄好幾十封信，五次根本一點意義都沒有。你要不要提供五十次免費寄送？」

所以，市場是存在的，只是我用錯了方法。就你的情況來說，價格不是家長的主要考量，如果他們要把小孩送到你那裡，他們必須認識你、信賴你、認為你很好。我會試著從社區俱樂部、社交團體、教堂，和猶太教堂著手。做個小冊子，上面有地方人士的推薦，說你對小朋友非常好。接下來，招待會就很重要，而價格也會成為議題，但首先你必須建立你的可信度。

諾姆

別浪費你生命中最重要的資源

儘管保住創業資本非常重要，但賠掉資本卻不是企業最大的風險。畢竟，如果你夠努力，終究能再賺回來。可是，有種資源一旦失去，卻再也回不來。從這個觀點看，這就比錢還重要、也更有價值了。失去它，會讓你實現夢想的機會受損。

我說的，是時間。

讓我告訴你羅伯・李文（Rob Levin）的事。他要辦雜誌，找我給他建議。他打算將雜誌取名為《紐約企業報導》（*The New York Enterprise Report*），刊載成功企業家訪談和專家所寫的實務文章，設定的讀者群是紐約大都會區的小型企業主和經理人。我答應見他，雖然我不知道為什麼要見。我認為辦雜誌是個糟透了的想法，這產業已經蕭條了好幾年，看不到復甦跡象。既有的雜誌都已經很艱苦了，新雜誌會更困難，不只要和大財團競爭，還得力抗網路上的免費資訊。再說，其他較輕鬆且利潤不差的賺錢方式，不是很多嗎？

但我有個鐵律，絕不對追求夢想的人潑冷水。我只會針對他們的盤算，提出我的看法。通常，他們打算做一些我認為注定要失敗的事。在這種情況下，我會建議其他的選擇。當然，對你而言可行的事情，對其他人來說未必如此。我會盡量從了解一個人的特性開始。

以第一次創業來說，羅伯．李文算是個相當老練的生意人。他一九九一年大學畢業，在安達信（Arthur Andersen）會計師事務所當了四年的查帳員，然後回學校拿ＭＢＡ。接下來陸續當過幾家小公司的財務長和執行長，這幾家的年營業額分布於一百萬到二千五百萬美元之間。他在聯絡我的前一年，就已經離開最後一個雇主，去做一些顧問工作，同時找機會創業。雖然他自己有三十萬美元的存款可以拿來投資，而且太太的工作也不錯，但他不能無限期地沒有穩定收入——他太太最近才生下第一個小孩。

羅伯相信，雜誌是他的成功之路。他不只是熱愛雜誌，他所有的計畫也全都要靠雜誌來養。他已經花七萬五千美元做了一個網站，如果沒有雜誌，網站鐵定做不起來，更不用談獲利。他還計畫從研討會和網路團體賺錢，而這部分如果沒有雜誌做平台，也會很困難。

問題是，他出版這份刊物，成功的機會有多大？

不太大，我在和他討論數字時這麼說。和所有創立新事業的企業家（包括我）一樣，羅伯對營業額以及產生這些營業額所需的時間太過樂觀，而且還嚴重低估費用。有個數字特別引起我的注意：他計畫用廣告信函來吸收訂戶，並估計了一〇%的回覆率。我對廣告信函所知有限，但就我了解，一份新雜誌不可能有一〇%的回覆率，頂多一到二%就算成功的了。也就是說，他要花更多的時間及金錢，才能達到他原先預期可以賴以生存的付費訂戶數。

「這個方法行不通，」我告訴他：「在你還沒搞清楚這生意能不能做之前，你就會把錢花完。你必須試別的方式。有沒有想過，雜誌用送的？」

我可以看到他臉上的驚愕和憤怒，好像我在侮辱他一樣。後來他告訴我，這個建議幾乎讓他心碎，對他的尊嚴是一大打擊。

然而，道理非常簡單：沒有廣告收入，羅伯便無法存活，而廣告主所問的第一個問題就是：「你有多少個訂戶？」除非他能夠給廣告主一個像樣的數字，否則是沒辦法賣廣告的。要達到這個數字、建立起發行量基礎，最快的辦法就是把雜誌免費提供給企業和各種團體的成員。廣告主或許對於把廣告費花在未經測試的刊物，還是會謹慎以對，但至少當他們知道有多少讀者，其中有些廣告主或許會願意一試。

如果羅伯堅持只收付費訂戶，要產生他所需要的收入，根本沒指望。最後他會浪費許多寶貴時間，即使他在還沒把錢花光之前喊停，這個惡果還是會纏著他。或許，他會去上班，有很多機會把損失補回來，但這要花他一年以上的時間，才能回復到他辭職以前的收入水準。當然，他會從失敗中學到一些重要的教訓，以後就更有能力籌到足夠的資金，再辦一次雜誌。但在此同時，他已經花了三、四年的時間，最後又回到原點而一事無成。如果雜誌用送的，他至少還有成功的機會。

這些都不是他想聽的。離去時，他非常激動，我試著給他一個較和緩的建議，說他以後可以把免費發送改成收費。這在技術上沒錯，但我心裡明白，如果他真的靠免費發行成功建立起一家公司，他就永遠不可能開始收費。我在想，難道他願意浪費時間和金錢，就只是為了顧面子，卻對公司完全沒有好處？

無論如何，一切都得由他親自做決定，而且是他一個人決定。「你必須照你自己的感覺去做，因為那是你的錢、你的時間。」我在他要離開時這麼告訴他：「我有經驗，但這並不表示我就是對的。」大約一天後，他打電話給我說，他決定接受我的建議。他做了一些調查，發現我對廣告信函回覆率的看法正確。他無法反駁數字，因此他要改變計畫，以免費，而不是收費發行為基礎。

我祝他好運。幾個月後，他又打電話來了，問我是否願意接受他的訪問，做為雜誌特別號的封面故事。我自然是同意了。

最後的結果是，在紐約市辦一份商業雜誌畢竟不是個壞點子。《紐約企業報導》大為成功，而且越來越強。當然，如果羅伯去做其他生意，或許會賺得更多，但他照著自己的熱情走，做自己喜愛的事，這遠比讓投資得到最大報酬更為重要。話說回來，羅伯承認，當初他如果堅持照原計畫進行的話，就不會有今天的成就。「回想起來，我當時對每一件事都太過樂觀，」他說：「毫無疑問，我絕對會把錢花光。當時我不了解，但我現在懂了。當時我看得太遠了，竟沒把焦點放在下一年。」

最重要的是，羅伯在調整路線之後，為自己省下了至少三年以上的時間。他這三年沒有空轉，反而打下了事業基礎。這個事業，他愛待多久就待多久，而且，可以實現他所有的夢想。

師父的竅門

1 有許多的競爭者是好事，因為要教育市場是非常昂貴的事。
2 如果你是初次創業，一般而言，自己開一家比買一家好。
3 第一份事業計畫書應該要簡單，而且是寫給自己看，不是寫給潛在的投資者看。
4 你的時間比金錢更寶貴，要小心，別浪費了。

第4課

錢，其實比你想像中好找

現在，我們來談錢吧。對想要創業的人來說，如何籌錢，是最神祕的部分。這些未來的企業家有著很棒又實在的創業點子，他們做過研究，也通過考驗，但無論怎麼努力嘗試，就是無法找到投資者。「我是哪裡做錯了？」他們問：「我要如何找到像你這樣的人？」

他們不需要像我這樣的人，他們需要的，是好好去了解投資的人。

我要告訴你的，是喬登和謝斯的故事。他們把原有的公司，轉變成專為中小企業做網際網路開發服務的全國性供應商，兩個人已經用自己的錢，投資了二十萬美元把公司做起來，營業額從第一年的四萬二千美元，成長到第二年的二十四萬六千美元。在這個過程中，他們逐漸了解市場，想要利用他們另一家公司——一家位於曼哈頓、做得非常成功的印刷代理公司——的人脈，來擴充公司規模。他們計算出還需要二百萬美元，才能在五年中成功擴充這個事業。去找人入股前，喬登問我願不願意幫他們看一下事業計畫書，並給他們一些建議。我說，沒問題。

這份事業計畫書在我們會面的前一天送達。那是我所見過最精緻的計畫書——約三十五頁，精裝的封面上印有公司的名稱和標誌。文字言簡意賅，對公司、市場和未來策略提供適度的資訊。數字看起來很合理。但我注意到幾件事。

當我和喬登及謝斯見面時，我問他們打算找誰入股。他們說，他們已經約好了創投業者開會。我說：「不會有創投業者投這個案子。」

因為，從創投業者的觀點來看，至少有三個問題。首先，這個計畫幾乎完全沒有提到投資人的錢投下去，預期可以賺多少，以及到時候如何獲利退出。如果你所要找的人，只關心如何賺到特定的報酬率，那麼，這就是你企畫書的一大疏失了。

第二，這個計畫需要用到極大部分的資本，來購買辦公家具、設備和其他固定資產。創投業者一定會問：「為什麼要買？為什麼不用租的？」創投業者喜歡利用槓桿——當然，是在合理的範圍內。一家新公司借的錢越多，淨值增加的潛力就越大。這就好像用最少的自備款去買房子，風險高，但如果成功，報酬率也會很可觀。喬登和謝斯顯然不了解他們籌資對象的投資哲學。

而他們最大的問題，來自「報酬來源與運用」該頁的一個小註釋。上面說，二百萬美元的投資中，有二十萬美元以上用來「償還經理人和關係企業對本公司的放款」。當看到創辦人打算把一〇%的錢放進自己的口袋之後，我不知道還有什麼人願意對這家新公司投入大筆的錢。創投業者當然不會允許這種事，而且很可能會拿這點當作拒絕此案的好理由。

反過來看，如果喬登和謝斯說：「各位，過去這兩年來，我們已經把我們自己辛苦賺來的錢，借給這家公司。現在我們需要你的錢，但我們的錢會一直留在公司，至少在你們的投資回本之前，不會拿走。」這會是討好投資者的好方法。而他們怎麼做？居然把一大優勢化為一大劣勢。

爲什麼很多人都愛找醫生投資

我問他們，除了創投業者之外，還有其他對象嗎？他們告訴我，還有一群醫生。

我覺得很有趣，很多想要籌錢的人似乎總會去找「一群醫生」。你別以為醫生會對投資來者不拒。「你們希望每個醫生出多少？」我問。他們說，最低投資額是二十五萬美元。我說：「你們根本不了解這些人吧？」他們點頭。

很少有醫生會投資二十五萬美元到一家新公司。有錢的專業人士處理這類問題的方法，和你們的親朋好友——也就是：業餘投資人——是一樣的。這種人會問的第一個問題是：「我要出多少錢？」每個人都有投資上限，可能是一萬、二萬，可能是十萬。不管這個上限是多少，如果你要的超過上限太多，你就沒有機會。就算他們很友善地聽完你的說明，也不會認真考慮投資。

因此，事先研究你所找對象的投資上限非常重要，尤其是當這些人不是專業的投資經理人時。

如果你無法直接問，也可以找人打聽，或是問問會計師或財務顧問，掌握你打算接觸對象的投資習慣。也許他們的習慣是二萬五千美元，這時，你需要四十個人才能籌到一百萬美元。重點是，一旦你知道他們的投資習慣，你就可以提供量身訂做的條件，讓他們可以在放心的額度之內投資，或是根本不必浪費時間去向他們籌錢。

但你必須做功課。對大多數投資人，你只有一次機會。你搞砸了，他們不會說：「等你弄好之後再來找我。」如果你在毫無頭緒的情況下去找他們，你很可能不會有第二次機會。若要善用機會，你必須規畫你的集資策略，就像在規畫事業時一樣。你必須調查「市場」，在你向他們要錢之前，必須盡可能地了解：他們要的是什麼？標準為何？他們如何評估投資案？

有些調查很容易，例如大多數的銀行業者很樂意把他們用來放款的明確標準告訴你，創投業者也會向你解釋他們的哲學。你也可以去找那些拿過創投資金的人，請他們給你建議。但最好的調查方法，就是你實際去籌錢。這就是為什麼我經常告訴大家，要在這個過程中，建立一定程度的失敗經驗。在你的潛在投資人名單中，安排四到五個希望不大的對象，然後，明知他們很可能拒絕你的案子，你還是先和他們接洽。每一次被拒，你一定會學到一些東西。你必須有盡量多學的計畫。

例如，你可以做一份問卷，回去找拒絕你的人。清楚地告訴他們，這次你不是來要錢，你尊重他們的決定，而你要從經驗中學習，如果他們願意解釋拒絕的原因，你會由衷感激，請他們務必實話實說：是因為你這個人嗎？或是事業計畫書？還是你所要的金額太高了？

你所收集到的資訊，可以讓你在去找最有可能的投資者之前，強化你的事業計畫書，並改善你的簡報。你會更了解他們的需求，並找出他們所要的條件。

這差不多就是我對喬登和謝斯所說的話，但他們不接受。他們按照原計畫去找創投業者，果然被拒。幾個禮拜後，我接到喬登的電話，說他們決定拆夥了，謝斯要繼續找人投資，設法收回投在這個事業上的二十萬美元。喬登覺得這是在浪費時間，最後他們的共識是分道揚鑣。我想，這件事證明，有些教訓的代價，的確比較大。

缺錢時，必須留意的陷阱

當你把公司做起來之後，你就必須把重點轉移到另一種財務關係上——和銀行的關係。那麼，你需要的是什麼樣的銀行呢？

這個問題，困擾著一家名列《企業》雜誌五百大企業的執行長。他想要取得信用額度，為公司的擴張計畫融資；他跑來找我，要我給他建議。他的財務長要找銀行，但他的會計師建議找資產擔保融資公司（asset-based lender）。他說，他對現有的往來銀行很不滿意，本來就想換銀行，只是，到底要不要這時候去找融資公司？

我告訴他，我大概可以想到十個不要的理由，看他要聽幾個。

我知道，和銀行打交道很難，我自己就有許多和銀行不愉快的經驗。銀行對待客戶的方式，有時真的很糟，要跟他們往來，還得花很大的工夫，真是不可思議。他們這幫人，是我所碰過最不適任的業務人員。

但每家公司都需要銀行。就算你現在不需要什麼貸款，你還是應該利用每一個機會，去和銀行建立關係。為什麼？因為總有一天，你會需要錢，這時，你可不希望唯一的選擇就是融資公司。

請別誤會我的意思，我個人不反對融資公司。他們能把錢借給那些無法從別處借到錢的公司，在經濟結構裡扮演著重要的角色。而且不同於銀行，他們是極為優秀的業務人員。沒錯，他們自己也承認，向他們借，比銀行貴，但他們能為你做許多事（當然這也可能只是他們的說法）：監控你的收款、對你的客戶做信用查核、幫你管理你的應收帳款。還有，他們審案子很快，只要兩個星期，不會讓你受罪，通常也不需要你提供什麼經會計師簽證的財務報表。

一家正在成長的公司，通常現金不多，但卻會有很多的應收帳款。對這樣的公司來說，融資公司似乎非常誘人，尤其當你和銀行有過不愉快的經驗之後。然而，這是個陷阱。

來自資產擔保融資公司的貸款，和銀行的貸款不同。最關鍵的差異，可以用兩個字來說明：控制。

在美國，一旦你向資產擔保融資公司借錢，你就放棄了對「應收帳款」的控制權。來自客戶的款子，不再是交到你手上，而是進到融資業者的銀行保險箱。你收到的，是支票影本和這些錢進進出出的紀錄，現金，控制在融資公司手上。如果產生爭議，或是你的公司發生問題，所有的王牌都在融資公司手上。

雖然，融資公司也希望你能夠成功，但卻沒必要協助你度過難關。畢竟，這些公司不需靠你——靠的是你的客戶——就能把放款收回來。這就是為什麼，融資公司很少堅持要你提供經會計師簽證的財務報表給他們。它靠的是你客戶的信用，而不是你的信用。

和銀行往來，你的地位則完全不同。銀行不是靠管理應收帳款賺錢，它的利潤來自承作優良放款。只有當銀行認為你有能力還本付息時，才會讓你用應收帳款借錢。

因此，應收帳款還是在你的手上。你要負責應收帳款的管理、監控和收現。當然，你必須定期報告應收帳款的狀況，如果出問題，銀行也會緊盯著你的應收帳款。但即便如此，你還是有較大的操作空間及較高的生存機會，因為只有在你成功的情況下，銀行才有利可圖。銀行會關心你是不是可以繼續經營下去，它要的是你有能力還錢，如果你倒了，就不可能還錢。

我並不是在鼓吹遇到麻煩時向銀行借錢。不是的。我的意思是，當你借錢時，你就進入一種關係，而這種關係只有在你了解對方所需時，才是個好關係。銀行要的是好公司、好的生意人，才會把錢借出去，而資產擔保融資公司要的，是取得良好的應收帳款。這就是為什麼向銀行借錢比較難，因為你必須證明自己的信用；也是為什麼一旦你辦了貸款，你的責任更大。當然，融資公司提供銀行所無法提供的某些服務，但這些事，本來就是每家企業都應該自己做的事。

找銀行借錢，還有一個更重要的理由：讓你有機會證明，你了解借款人的責任，及你做為一個生意人，有負起責任的能力。也就是說，貸款讓你建立信用。

。請教師父

自己拿不出錢，該怎麼辦？

師父，您好：

如果我沒有錢，可以用什麼其他的方式，來吸引投資者？我唯一想到的方法，就是簽個人本票。

大衛

親愛的大衛：

如果你用血汗打拚都不足以吸引投資者，我猜本票也不會有用。你可能要先拿出通訊錄來看看，找找上面的人，包括親朋好友。從親朋好友那裡所籌到的錢，投資者會視為你的錢。要求親朋好友拿錢出來，等於你在承擔未來與他們關係的風險。外部的投資者很看重這點，他們要知道，你除了投入自己的時間之外，還投入哪些重要的東西。

諾姆

我兩度被銀行甩了

要鞏固你與銀行的關係，最終還是需要互信，但許多企業家對他們的銀行，卻沒有信任的感覺。他們生活在持續的恐懼中，擔心貸款會被中止。就我所知，曾經有家公司因為一次的發錯獎金，被往來了五十年的銀行所拋棄；另一家公司由於銀行的政策調整、不再做應收帳款融資，被迫終止往來；還有一家公司因為主要客戶被銀行認為有很大的信用風險，遭到銀行拒於門外。我這輩子，曾經被銀行收回貸款兩次，我希望這種經驗不要再降臨到任何人身上。而這兩次的經驗，有助於我了解，如何可以保護自己。

我第一次被甩，是在一九八五年，當時我的快遞事業正瘋狂地成長，旗下十七家不同的公司，都和同一家銀行往來。我原本以為一切沒問題，直到有一天，在毫無預警的情況下，我收到十七封信，通知我要在三十天內把貸款還完。我又驚又怒，打電話給銀行的放款主管，說：「你在搞什麼鬼啊？你就不能先打電話給我，再寄這些信嗎？」他向我道歉，但基本上還是叫我滾蛋。他說，銀行以後不再做應收帳款融資了，也不會和我的事業往來。我有一個月的時間，去找新的銀行貸款。

第二次的經驗遠比第一次好，發生在一九九五年。同樣是原本承作應收帳款融資的銀行改變政策，但這一次，銀行人員來我這裡，向我解釋事情原委。「我們把客戶分成三組，」他說：「第一組包括我們一定要往來的客戶。這都是些好公司，也符合我們新的營運計畫。第二組是我們本來就不該往來的客戶，他們有三十天的時間離開。第三組則包括像你這樣的好客戶，但在我們的新政策之下，無法再繼續往來。我們會協助你去找家新銀行，但不用急，可以慢慢來，不要有壓力，我們希望，如果可以的話，在六個月內移轉完成。」

我突然明白了上次的遭遇是怎麼回事：我落在第二組。回想起來，如果我當時冷靜一點，或許就會落在第三組。我不應該發飆的，應該問我的銀行：「哪裡出問題了呢？我們能不能一起研究看看，是不是有其他的安排方式？」然而我當時的行為，無疑是在告訴銀行：盡快把我幹掉。

很多企業家都犯了同樣的錯誤。

與銀行往來的七宗罪

我認為企業主和銀行往來時，常會犯七種錯誤。避免這些錯誤，可以幫助你減少許多傷害。當然，你的銀行還是可能基於某些你無法控制的因素，決定在某一天把你甩掉，但你有很大的機會落在第三組。

錯誤一：遲交財務報表。

銀行也是在做生意，但他們要應付的法規比你還多。為了確保銀行依規定營運，主管機關每年至少會檢查一次，而內部稽核人員則每季、甚至每月稽核一次。如果你沒有按時繳交財務報表，你的紀錄就不完備，你就會為你的銀行行員製造麻煩，而他或她，是負責為你打分數的人。一好球，對你不利。

錯誤二：動用尚未收到的資金。

為了避免使用信用額度和支付利息，有些公司會把他們所收到的支票存進銀行，並立即動用這筆尚未收到的資金。這麼做會有個副作用：造成他們銀行存款餘額偏低。在這個過程中，公司或許可以省下一些錢，但代價是與銀行疏遠，因為銀行應有的收入被剝奪了。又被投了一個好球。

錯誤三：不回應。

銀行人員經常會問你一些財務報表的問題，而你可能不知道答案。當被要求解釋這些財務數字時，有些人會覺得很煩，或很排斥。他們不去追根究柢，反而靠耍嘴皮子逃避問題，實問虛答。這會使得當稽核來檢查時，銀行行員被問到相同的問題，卻提不出令人滿意的解釋而被修理一頓。再一好球。

錯誤四：忽略關係。

當你對銀行無所求時，很容易就會忽略你的銀行行員。總是有許多緊急的事要去處理的你心想：「幹麼要理銀行呢?能不理就別理吧。」但等到你真的有事要找他時，通常為時已晚。如果你平常沒有打好關係，很可能什麼事都辦不成。這就是為什麼，定期和你的銀行行員會面很重要。我和我的合夥人至少每三個月一次，一定要到我們的銀行行員那裡去坐一下。

錯誤五：無法及時讓銀行得到所需的資訊。

銀行行員和我們一樣，不喜歡突如其來的壞消息。他們也知道，做生意難免有出乎意料的事，但很多問題是可以事先預見的，他們希望能盡早掌握情況。此外，銀行行員也需要一些佐證，以確信你有能力管理你的事業。這就是他們要求年度財務預測的原因之一。如果你的預測每年都很離譜，對方會認為你搞不清楚狀況，甚至更糟的，覺得你的樂觀充滿危險性。

錯誤六：不顧規則。

銀行借錢給你時，都會綁上一些附帶條件——也就是貸款合約裡的約定事項。很多人要嘛不了解約定事項，要嘛忘了，或乾脆不管它。我認識一個人——姑且稱他為馬文，他和合夥人決定，讓公司發給他們自己五十萬美元的獎金，好讓公司可以節稅（如果他們以股利方式領這筆錢，公司就必須先申報這五十萬美元的盈餘；這一來，除了個人要被課所得稅之外，公司還得付這筆盈餘的營業所得稅）。

不幸的是，他們忽略了這筆支出對負債比率所造成的影響。這次的獎金發放，降低了公司淨值，導致負債比率惡化，超出銀行所允許的極限。當銀行行員告訴他們，公司的負債比率未達標準、必須改善時，他們非常憤怒。公司數十年來一直是該行的忠誠客戶，他們認為，銀行無權教他們怎麼做。這，就是一個例子……。

錯誤七：在出問題時爭吵。

很多生意人認為，從銀行借出來的錢，就是他們的了。於是，如果銀行要把錢要回去，他們就會很生氣。但其實，當貸款人違反貸款合約的約定事項時，銀行本來就有權把錢收回去。畢竟，這些約定事項之所以存在，是有其道理的。銀行必須遵守一些規定，如果放款不符合聯邦政府所訂的標準，就可能會有嚴重的違紀問題。

當銀行改變放款政策時，抗議是沒用的，一如發生在我身上的例子。當一個討人厭的企業家，會讓銀行更有理由把你丟出去。馬文和他的合夥人，就是這種情形。

要知道，我所提的這些錯誤，個別來看，都不會致命。如果馬文保持冷靜，做出理性的行動，並提出改善公司負債比率的計畫，其實可以挽救他跟銀行的關係。建立關係需要時間，而破壞關係也需要時間，一個錯誤會使另一個錯誤更為嚴重。破壞是累積的，通常看不見，你可能不知道問題有多嚴重，直到為時已晚。有一天，當你接到銀行的電話或來信時，你就知道你是落在第二組還是第三組了。做生意，和做別的事情一樣：禮貌地敲門，比無禮地踹門好。

◦請教師父

要不要向親人開口拿錢？

師父，您好：

我今年二十二歲，但很早就一直想要創業。我熱愛電腦，有個非常有潛力的構想，大概需要十萬美元來開業。我的繼父有錢，問題是，我不知該如何向他開口。

布蘭登

親愛的布蘭登：

企業家有樂觀的天性，但是除了看潛力，檢視風險也很重要，讓我們來面對問題吧：向親戚借錢本來就很難開口。首先，你必須問自己，如果把所有的錢都賠光了，會有什麼下場？如果賠錢會造成嚴重的人際關係問題，我會尋求其他的管道。但如果賠錢對你與親人的關係沒有影響，家庭不會因此破裂，那麼，向你繼父開口應該很容易，只要把你的計畫攤在餐桌上就行了。告訴他，你認為計畫會成功，但如果不成功，他可能會血本無歸；然後問他是否有興趣，並向他保證，如果他不想投資，你也不會難過。記住，如果你的繼父不想投資，你還可以找別的資金來源。

諾姆

讓自己像銀行家一樣思考

當然，有時候信用會變得很緊，不管你怎麼努力，就是貸不到錢。不過，如果你的公司剛好是先銷貨再收款，你還有別的選擇。除非你已經把應收帳款押給別人，否則你就會有自己的「內部銀行」，你必須開始像銀行家一樣的思考。

應收帳款，其實就等於你放款給客戶，因此你一定要注意你的「放款品質」。你必須檢視，你的收現天數，是不是超過正常範圍？你的平均收現天數，是否在增加？如果是，為什麼？該不該更頻繁地打電話給客戶？有沒有客戶遇到了麻煩？（如果有，你可能需要和他們定出新的付款條件。）還是說，大家都在占你的便宜？如果是，你或許可以施壓，甚至中止跟這種客戶往來。

當然，如果你曾經用應收帳款向銀行或融資公司借錢，我想，你已經非常清楚這些應收帳款的狀況。放款機構無疑會要求你緊盯著應收帳款，因為這是你向他們貸款的擔保品。如果應收帳款拖太久收不到錢，你就拿不到生存所需的現金。因此你必須掌握哪些人準時付款，哪些人不準時，同時緊盯住後者。就算沒有資金周轉的壓力，我們也應該盯緊我們的應收帳款，就好像有個融資公司在我們背後監督一樣。

不幸的是，通常當公司成長時，尤其是如果你銀行存款很多時，這種紀律很難維持。

我在二〇〇六年想賣三家公司時，在實質查核的過程中，就發現了自己有這樣的危機。潛在的買家看過我們的應收帳款後，要求提高我們的壞帳準備二十萬到四十萬美元；這一來，會讓成交價少了二百萬到四百萬美元。「什麼？」我說：「我們的應收帳款都很好，客戶的箱子都在我們這裡。他們不付錢，就沒辦法把他們的檔案拿回去。」

「是啦，不過你自己的紀錄顯示，四〇%的應收帳款超過一百二十天，」這位會計師說：「這是很大的數字，萬一收不到款，你就會有麻煩。」

我很震驚。雖然和我們生意往來的很多醫院及政府機構，一定會付款，只是比較慢，但這個數字的確遠大於我所想的。我們有一套很好的系統在盯應收帳款，但我從未留意，畢竟，我們沒有現金流量的問題。我們準時付錢，而且還有相當多的閒置資金，我從來都沒想過我們有應收帳款問題。

但要我損失二百萬到四百萬？我當然馬上就留意到了。我向買方保證，幾乎所有的一百二十天應收帳款，都可以收得到錢，而且我們也可以證明。接下來的四個月，我們就做這件事。

我們先把過去三年的應收帳款逐月列出來，並統計每個月當期、三十天、六十天、九十天、一百二十天和更長天期應收帳款所占的百分比。結果，一百二十天期的數字在整個區間中穩定地攀升，雖然平均每個月只增加半個百分點，但一年就是六%。按照這個速度，也許你一開始只有一〇%的應收帳款落在一百二十天這組，到第三年年底時就會變成二八%。這差不多就是我們的情形。

我們發現，有部分原因是收款部門人力不足，工作負荷過重。於是我們增加人手，但不是去追討「過去」那些長期未付款者，而是避免這個數字在「未來」繼續增加。這是解決問題的第一步：確保你不會讓錯誤一直重複到未來（詳見第十六課）。接下來，你可以回過頭來處理過去所發生的問題。

由於我們沒有資金壓力，所以避開了那些跑三點半的人所常犯的兩個錯誤。第一，當你急需現金時，很自然地，你會去找最有可能盡快付錢的客戶——也就是：你最好的客戶，那些準時付款的客戶。你會對他們施加壓力，要求他們提早付款，或是給你方便。而這些人對你事業的成功非常重要，你這麼做無助於建立良好關係。第二個錯誤，是讓會計人員去收錢。他們和其他員工不一樣，幾乎完全不了解客戶，也沒辦法靠個人關係，避免和應該合作的人發生爭執。業務人員、客服人員，或定期與客戶接洽的作業人員，知道如何用更好的方式收款，或是用互惠的方式給對方回饋。

於是，我們把一百二十天期的客戶，分派給業務員、客服員，和作業員，並開始聯絡客戶。接下來，我們有許多發現。

有些人把不付款怪罪給我們，有一個客戶說：「我們當然會付錢，但你們為什麼要拖這麼、這麼久才打電話來？你們不該拖這麼久的。你早就該通知我們了。」結果，是客戶的會計部門有問題，卻一直要等到我們向他們要錢時才被發現，而對方竟怪我們不早點把問題提出來。誰曉得呢？也許他們說得沒錯。不管怎樣，我們道歉，然後繼續催討。

至於另外一些客戶，我們發現必須修改我們的請款程序。例如，有個醫療集團的採購系統和我們不相容。我們在不知情之下，強迫該集團的會計人員接受我們的系統，而不是要我們的系統去配合他們的付款流程。當我們問對方，要如何才能更快地收到錢時，他們告知應該以哪種表格提供哪些資訊，我們也做了適當的修正。

此外，我們有些帳單沒有寄給正確的對象。原因很多，例如我們沒有經常更新聯絡人資料，我們只有最初的資料，然後等五年重新簽約時才會檢查一次。在這段期間，對方的人員、部門、流程，甚至公司名稱和地址，都可能改變，而我們卻不知情。我們的收款人員或許知道，但出帳人員並不知道，因為基於安全理由，我們不允許經手錢的人修改我們的系統。於是，我們開發新流程以整合資訊交流，確保帳單寄給正確的對象。

我們還發現一些我們不想要的客戶，主要是一些小散客。我們的收款人員早就去催討過了，而且還是一而再、再而三地催討，才收得到錢。這種客戶，其實就等於在偷拿你的錢。假設他的欠款餘額是一千美元，如果他不準時付款，你就必須向銀行多借一千美元。假設你貸款的年息是九%——一年九十美元，你的一千元其實就只值九百一十元。同時，你的會計人員每個月要花半個小時打電話給這傢伙，聽他的爛藉口和無效承諾，那等於一年六小時。如果會計人員的時薪是二十五美元，再加上一些福利，這個延遲付款者每年就多花你一百五十美元，這表示，你的一千元現在只剩七百六十元。

想想看這對你毛利率的影響。通常，我要求小額客戶的毛利率至少要有四〇%。低於此數，就不值得接這個客戶，即使他準時付款。所以，一千元的營業額，你應該賺到四百元的毛利。但因為他一年才付一次錢——還浪費你原本不用花的二百四十元利息費和工資——你的毛利只剩下一百六十元，也就是毛利率只有一六%。我不知道你的情形，但如果我們有很多這種客戶，我們就會倒閉！我不要、也不需要這種客戶，於是，我們要求這些客戶依約付錢，或是離開。

最後，我們讓一百二十天期以上的應收帳款，減少了五〇％以上。這位潛在的買家不太相信，堅持再派查帳員來查帳，結果發現我們真的辦到了。我們不只立刻處理問題，還推出一些新程序，讓我們未來不再發生這種問題。雖然我們最後並沒有把公司賣給這些人，但他們點出我們的應收帳款問題，並迫使我們成為更好的銀行家，這點，我要感謝他們。

師父的竅門

1 在你向大家籌錢之前，先確認你知道他們想投資的金額是多少，以及他們想要的是什麼。

2 盡早和商業銀行建立關係，而且只有在無法從商業銀行取得你所要的資金時，才去找資產擔保融資公司。

3 銀行行員也是生意人。你希望客戶怎麼對待你，就怎麼對待銀行行員。

4 你的應收帳款就是你對客戶的放款。要確保你應收帳款組合有良好的品質。

第 5 課

找出你的「魔術數字」

我給創業者的建議中，這是最棒的一個：從開業的第一天開始，**用手**記錄你每個月的營業額和毛利率。不要用電腦，把數字寫下來，按照產品類別、服務型態或客戶分門別類，並且自己算，不要用任何比計算機還複雜的東西。

這就是我對史東夫婦的堅持（詳見第一課），以及我自己在創業時的堅持。如果你也這樣做，你就能趨吉避凶，並大幅增加成功的機率。

要在任何事業上有所成就，你必須對數字有感覺、對數字間的關係有感覺，並能從其間的關聯，了解到哪個數字特別重要，必須加以監控。經營企業，要靠數字，它們會告訴你，如何在最短的時間，以最少的功夫，賺到最多的錢。這一點，正是——或應該是——每個企業家的目標。賺到錢之後，你選擇怎麼做，那是另一回事。如果你願意，你甚至可以把公司送人，但你得先賺到錢再說。當你了解數字的語言，數字就能告訴你，如何用最有效的方式賺錢。

用手記錄，是我所知道學習數字語言最好的方式。當你精於此道之後，就可以改用電腦去記錄，但如果你一開始就讓電腦去做，有些東西你將永遠學不到。用手記錄，可以和數字發展出親密的關係，這是用電腦無法得到的體會。事實上，如果你不盡早開始記錄數字，你的事業甚至可能撐不了多久。

親自用手寫，記錄你每個月的業績

我們來看安妮莎．德爾華（Anisa Telwar）的故事。她在一九九二年開業，就是如今的安妮莎國際公司（Anisa International）。開業的四年後她來找我時，公司還沒穩定下來，她說自己已經把這家公司的營業額，從零拉高到一百五十萬美元，「但我實在已經變不出新把戲，讓公司繼續這樣成長下去了。」她認為，她需要的是更好的促銷素材，但我懷疑她的問題不在這裡。無論如何，我同意和她見面。

我很快就發現，安妮莎已經搞錯方向了。雖然她知道，一定有某個環節沒做好，因為她每個月付帳款都有困難，但卻無法了解為什麼會這樣。她知道成本多少，也知道自己怎麼定價，那怎麼還會長期缺現金呢？她認為，問題出在她的營業額還不夠。事實上，她真正的問題，是她沒有收集簡單、容易取得的資訊，讓這些資訊告訴她，公司出了什麼問題。

因為，只有兩種可能，可以解釋她的狀況。一種，是她的銷售毛利不足以應付各種費用並產生利潤；另一種，是她所賺到的利潤，跑到別的地方去了，沒有進到她的銀行戶頭。從她公司的性質來看，第二種假設似乎不太可能，這是一家化妝刷、化妝棉、化妝袋和禮品的包裝商和行銷商，賣給全美各大百貨公司和化妝品公司。安妮莎接到訂單之後，就轉給遠東的製造商去做，然後直接出貨給客戶；而她是收到錢之後，才會付款給製造商。

也就是說，她的錢不可能跑到存貨，因為她根本沒存貨。而且她有付款給製造商的壓力，我看她也沒有太大的應收帳款問題。我猜，應該是她賣了太多低毛利率的東西。但，是哪些東西呢？為什麼？是不是某些產品的定價過低？是不是給某些客戶太多折讓？

我要她把過去三個月的營業額記下來，告訴我每個客戶的發票金額，和每筆訂單的銷售成本。我一看她所做出來的資料，就知道她的問題：有些訂單是賠錢的，有些訂單所賺的錢，只夠她勉強生存。

接下來，我寄給她一個表格，要她開始按照產品別，記錄她的營業額和毛利率。每個月月底，寫下每一種產品的營業額、銷貨成本、毛利，和毛利率（也就是毛利除以營業額），每一項都包括當月、以及累計至當月的數字，然後再計算公司所有產品的總體數字。這個練習一個月花不到她三十分鐘，就可以讓她一眼看出，公司內部所產生的現金有多少、來自何處。同時，她用另一張紙，按照客戶別，逐月記錄營業額和毛利率。

安妮莎告訴我，這些報告就像打了她一個巴掌。這是她第一次看出公司要怎麼賺錢，她說，在這之前，她都是隨自己高興，從這件事之後，她開始了解如何掌控全局。她也不是所有產品的毛利率都太低，有些產品和客戶其實做得不錯，只是被其他低毛利率產品拖累。我告訴她，這種狀況基本上有四種處理方式：可以提高售價、可以降低製造成本、可以拒絕低毛利率的生意，或是找到毛利率更高的產品來賣。安妮莎決定，四種都做。

你要有資訊才能生存。你必須從一開始就收集這些資訊，尤其必須記錄你的毛利率。高毛利率會轉成高毛利，而毛利是現金的主要來源，你必須靠現金，來支撐你自己和建立事業。

還有，不要犯了把這個記錄過程「自動化」的錯誤，你必須用手把數字寫下來，並親自計算百分比。如果你讓電腦去做，這些數字就成了抽象的東西，會整個混在一起，讓你無法注意、無法吸收、也無法了解；如果你想要真正掌控你的事業，就必須了解數字。

別誤會，我不是反電腦。相反的，在我的快遞事業上，我遠比其他業者還要早開始使用電腦。我的公司總是用最好的科技，我個人也擁有所有最先進的電腦玩具，更別提我有會計學位，還創立了好幾家公司。但就算我成立檔案倉儲公司七年了，我還是每個月坐下來，用手把關鍵數字記下來——當時這個事業的營業額，可是好幾百萬美元。

這是你學習過程的一部分，不可以略過去。就算你是在麥肯錫（McKinsey）待了十年的哈佛M

ＢＡ，還是得親手記錄你的數字，我保證你會學到一些東西。安妮莎就是個例子，有了新發現的知識加持，她掌握了自己的命運，並把安妮莎國際公司打造成全國化妝刷數一數二的供應商。二〇〇六年，塔吉特（Target）將該公司列為美容部門的年度最佳供應商，這個獎是頒給展現出卓越企業實務、創意設計，和優秀客戶服務的供應商。如果安妮莎沒有好好地掌握數字，就不可能有如此大的成就。

什麼樣的訊號，能讓你洞燭機先？

發展對數字的良好感覺，其重要性我真的是再怎麼強調也不為過。尤其，你要能找出那些在問題還不嚴重**之前**就發出警訊的數字，好讓你及時做出正確的決策，防止問題惡化。

二〇〇三年春季，我收到了每個星期一早上都會收到、旗下各公司傳來的兩頁報告，當時，我們正準備要出現爆發性的大成長。這份檔案倉儲報告上會顯示出，前一週我們處理了多少個新箱子，幾個月來，這個數字一直穩定成長，因為我們位於曼哈頓區的客戶——主要是律師事務所、會計師事務所和醫院——經過九一一之後，拚命地把檔案往外送存。我們在一年內成長了五五％。但那天早上，我很驚訝地發現，我們前一週所處理的新箱子，比之前那週少了將近七〇％。

這可打亂了我原先的步伐。新箱數是我的關鍵數字之一——這是我用來推算當週實際銷售數字的可靠指標。雖然新箱數只代表總營收的一小部分，但這數字直接和我們的營收成長有關。假如你在九月一日告訴我，八月份來了多少個新箱子，我就可以告訴你八月份的整體營業額有多少，通常與實際數字差不到一、二%。如果新箱數如同報告所指的大幅下挫，我們可以預見，整體的成長率將會顯著停滯。

那是重要資訊，而且，要不是我會用新箱數來推算總營收，我就不會這麼快得到這個資訊。

至於為什麼是新箱數，我也不知道。這有點像百貨公司算一算賣了多少雙鞋子，就可以知道營業額有多少。總之，基於某種道理，這樣的推算是有用的。

我相信每一門生意都有類似的關鍵數字。我認識一家餐廳的老闆，他可以從晚上八點半客人要等多久才有座位，預測當晚的收入。我的朋友傑克・史塔克（Jack Stack）是春田控股公司（SRC Holdings Corp.）的共同創辦人兼執行長，也是「開卷式管理」（open-book management）的先驅，他告訴我，有一個開齒輪工廠的傢伙，可以靠齒輪出貨的重量知道自己的營業額。不是價格，不是訂單，不是齒輪數或種類。是重量。

其實，我所認識的優秀生意人，都有某些關鍵數字，他們會每天、或每個星期追蹤這些數字，這是成功經營一家公司不可或缺的部分。關鍵數字提供你採取即時行動所需的財務資訊。事業快速地變動，不容你去等待會計人員所出的月報、季報或年報。等你拿到這些報表，通常是事情發生的好幾個禮拜或好幾個月後，這時你也只能在事後收拾爛攤子。而且，你可能還會錯失許多的機會。

你需要即時資訊，而得到即時資訊的唯一方法，就是想出一套簡單的指標，讓你隨時掌握事業狀況。

當然，這些指標中，一定有一個和營業額有關，但我要強調，這不應該是唯一的指標。如果你只追蹤營業額，那麻煩可就大了。公司成功不是靠營業額，而是靠利潤和現金流量。許多公司之所以會淪落到破產，乃是因為其事業主只看重營業額，而把利潤和現金流量放在其次。

也就是說，找出一個跟「營業狀況」有關的關鍵數字，是很重要的。至於這個數字是什麼，每門生意都不相同，而且很少不證自明，我通常要花好幾年的時間追蹤，才能找到一個可以迅速告訴我「營業狀況」如何的指標。

就以我們在二〇〇〇年春季所推出的資料銷毀事業來說吧。我前面提過，我們的收入來自兩種服務，一種是所謂的「清理」，也就是為客戶銷毀長期累積的大量敏感資料，另一種是用「箱子」來處理客戶例行產生的資料，我們會把上鎖的箱子，放在客戶的辦公室附近。

來自清理的營收很容易掌握，因為我們一個月只做幾個案子而已。箱子業務就比較棘手，因為箱子有不同的類型，每種類型有不同的大小，而且取件的頻率也不一樣，也就是說，決定總營業額的因素有好幾個。經過三年的追蹤，我還是無法為箱子業務的營業額找到關鍵數字，是新增箱子數、流動在外的箱子數，還是收件數，很難拿捏。我追蹤所有數字，最後決定：每週所掃描的箱子數，和總營業額的關係最大。

找出這個關鍵數字到底有多重要？我們來看看當我發現新箱數衰退之後，發生了什麼事。

在那之前，我們一直在增聘人手，新來的箱子需要非常多的人手才能處理，而且由於我們的新進人員只有四分之一會留下來，我們必須招募我們所需的四倍人力。當我看到新箱數掉下來時，我馬上想到成長速度可能也會跟著趨緩，這表示現金流量將不會有我們所預期的那麼多。當然，這次下挫，可能只是一個星期的暫時性現象，但我不想冒險，如果我們的年成長率真的也跟著降那麼多的話，等於我們此刻正多僱用了三十人。然而我們可以讓正常的人員流失來解決這個問題，我不想按照原訂計畫的速度加人。如果營業額持續衰退，我們就可能被迫裁員。

於是，根據一個星期的數字，我便下令暫時凍結人事。「我要保護每個人的工作，」我說：「我們來看看接下來會如何演變。」結果，成長持續趨緩，當一個星期的衰退，演變成一個月、然後是四個月的衰退時，很明顯的，市場已經變了，客戶顯然已經清光他們在九一一之後想要處理的資料。雖然我們的營業額仍在成長，成長速度已經從一年五五％，掉到一五％。

事後證明，我的擔心是對的，這正是為什麼你需要一個關鍵數字。它會讓你像個天才。我的員工很佩服我，那麼早就看出成長會趨緩，而且行動這麼迅速。我告訴他們，這全都在數字裡頭。

○請教師父

我該看哪些數字？

師父，您好：

我的公司已經發展到一個階段了，不再用兼職記帳員，改用一名全職的會計。隨著這樣的改變，我想知道，我每天應該看哪些數字？

蓋瑞

○

親愛的蓋瑞：

每一個事業都有它自己的關鍵數字，我猜，你應該已經知道自己需要哪些關鍵數字了。你如何分辨某個禮拜或某個月是好、是壞？當你的營業額往下掉時，會有什麼狀況發生？你的應收帳款要多久才能收回？這些都是簡單的東西，你的財務人員應該協助你找出哪些數字是你應該看的，並定期提供你這些數字。當你在面試新人時，務必確認他或她能夠勝任這個工作。把你的問題拿出來問應徵人員，如果他們不能給你合理的答案，就不要僱他們。

諾姆

○

成長，是要額外付出代價的！

我要回頭談前面所提到的一點：追蹤營業額以外的指標很重要，尤其是現金流量。我的意思是：有營業收入很好，有利潤更棒，但決定事業生死存亡的，是現金流量。大多數初次創業的人如果沒有這點體認，很容易就會栽跟頭：更多的營業額，幾乎就等於是更少的現金流量；而現金流量變少，就表示你有了麻煩。

當我開第一家公司時，我還不懂營業額和現金流量之間的關係有多麼重要。我以為營業額就是一切，如果有人要給我一百萬美元的新生意，我唯一的問題是：「什麼時候開始？」所有能拿到的生意我都接，迅速地接，於是公司瘋狂成長。我們的營業額在五年內，從零成長到一千二百八十萬美元，快到讓我們登上一九八四年《企業》雜誌五百大企業。我們一路都有現金流量的問題，但我忙著賣東西都來不及了，根本沒去留意。

當頭棒喝終於以跑三點半的方式降臨，逼得我連續四個禮拜不拿薪水。我老婆氣死了，「你這是什麼意思？不付薪水給自己？」她說：「生意不是很好嗎？我還以為業務成長到屋頂上去了。你怎麼可能生意很好，卻連續四個禮拜沒帶半毛錢回家？你跟我解釋清楚！這沒道理！」

事實上，我沒辦法向她解釋，因為我自己也不了解。但我知道，我最好搞清楚。最後，我搞清楚了，我所學到的是：你必須為將來設想。你必須搞清楚，要如何取得達到你心目中之業績成長所需的資金；沒搞清楚，就會讓自己陷入危險的困境。不拿薪水還算好的了，很多人不再繳代扣稅額，這是很蠢的做法，世界上再也沒有比利息和罰款更昂貴的錢了。同時，你的債主還會不斷地向你嘮叨，因為你不能準時付款。真是噩夢。

那麼，你該如何規畫成長？更精確的說，你要如何決定，需要再拿多少錢出來，才夠支應新增的營業額？首先，你必須針對即將進行的新業務，提出正確的問題：

1. 新增的營業額是多少？在多長的期間內？
2. 毛利率是多少？
3. 你必須增加多少間接費用？
4. 你要等多久才能拿到錢？

知道這四個問題的答案，就能夠粗略估計，你還需要多少現金。

舉例來說：假設你預期營業額在明年會增加十萬美元。你的毛利率是三〇%，而且你預期毛利率不會因新業務而有所改變，但會增加一萬美元的間接成本——諸如佣金和簿記費等。而你的應收帳款平均周轉天數（收款日數），可以穩定地維持在——譬如說——六十天。

這是我的做法：

先從了解新業務的銷貨成本——也就是生產或取得商品所需投入的資金——著手。你的毛利率是三〇%，你的銷貨成本就是營業額的七〇%，或是七萬美元。再加上你所新增的間接費用一萬美元，就是八萬美元。換言之，你得多花這麼多錢，才能滿足十萬美元的新訂單。把這個總數除以期間的天數——以這個例子來說，是一整年，所以是三六五天——你就會發現，新業務一天要花你二一九・一八美元。如果你接著把這個數字乘以應收帳款的收現天數，你就會知道自己還需要多少資金。

為了安全起見，我總是把收現期間拉長二〇%，於是在這個例子裡，我會乘上七十二天，而不是六十天。結果是：

$$72 \times \$219.18 = \$15,781$$

要知道，這是一個粗糙、陽春卻很有用的公式。有人或許會說，這個公式中有許多含糊不清的假設——比方說，你自己的帳款通常不會一次付清。但是，預測，在定義上本來就是不準確的，你需要的是一些簡單的工具來提醒你。這套方法可以幫助你對未來的現金需求，做出合理的猜測，而且偏向謹慎，而謹慎才是對的。

有了這個資訊，你要怎麼做呢？顯然你不會放棄毛利高的事業。於是，你會設法另行產生現金。也許，你可以縮短目前客戶的收現天數，也許你可以把應付帳款拉長一到兩個星期，也許你可以和新客戶打個商量，要他們付款比一般條件再快些。或者，你也可以向大供應商如此提議：「你好，我有一個對我們雙方都不錯的好消息。我最近接到一個新客戶，會帶來很大的業務量，但我的付款天數必須變成六十天，而不是四十天。你能接受嗎？」很少有供應商會拒絕。

再不然，最後總還有一招，那就是，借錢，如果你不介意銀行的負債增加且成本上升的話。又或者，你也可以決定讓自己幾個星期不支薪。最近幾年來，我自己已經不需採用這種手段了，希望未來也不要。我相信我太太也有同感，她喜歡我每個星期都拿到薪水，這讓我們有一種上軌道的感覺。做生意，如果你不能管好你的現金流量，你就無法讓一切上軌道。這，是一門值得盡早學習的課程。

。請教師父

沒有商學背景，可以成功嗎？

師父，您好：

我是個藝人，也是個職業網球選手，開了家教人打網球的運動教學社。我想讓公司成長——我有熱情，也有遠見，但沒有商學背景。請問：我能成為一個生意人嗎？還是我必須找人來幫忙，讓事業成長？

大衛

親愛的大衛：

你比你自己所想的，還擁有更多的商業技能。你有客戶，不是嗎？你應該已經具備銷售和行銷能力了，而這兩樣，是生意人最重要的技能。好吧，也許你不懂會計，但這並不表示你不能學數字，而你所需要了解的，就是數字，不是會計術語。我的建議是：去做吧！獲取生意經驗只有一個方法：你必須下場去做、去承受。沒有試，就不會成功。最後就算情況再糟，你也還是學到了寶貴的一課，可以用在你的下一個事業上。

諾姆

你的公司究竟值多少錢？

當然，建立一個事業最終的收益，就是出售事業所獲得的報酬。不幸的是，大多數企業主都錯過了這項報酬，因為他們不了解用來計算事業價值的元素，也沒有保存財務紀錄，殊不知財務紀錄可以讓他們的事業具備完整的價值。不過通常就算缺乏財務紀錄，也阻擋不了他們誇大自己公司價值的想法。

名列《企業》雜誌五百大成長最快速未上市企業的公司，就是最好的例子。我看過一些他們所提出的案子，我記得有一家營業額約為六千萬美元的公司，前一年賠錢，但業主認為公司值五千萬到一億美元。顯然他們沒聽過一九九〇年代末期，那些沒有利潤的網路公司的下場。另一家公司的營業額約為六百五十萬美元，淨利不到三十三萬五千美元，我也不知道為什麼業主會覺得公司值一億到二億美元。事實上，我得這麼說，我所看過的案子中，約有半數的報價高得離譜，其餘的報價也是偏高居多。

我很了解，為什麼這些公司的執行長會有這樣的想法，畢竟我跟這些人是同類。我們大都相當自負，這不盡然是壞事，因為夠自負才能讓事業快速成長。但在拿白花花的銀子投到事業上時，我們的自負可能會讓自己嘗到苦頭。我們常會去參考與我們類似公司的最高評價，然後再往上乘。

不只是快速成長的公司會這樣。我的前合夥人巴布和崔斯・費恩斯坦給我看過一個案子。他們聽說有家小公司想要賣，業主開價是年營業額的兩倍，大約一百二十萬美元。由於其他同類型的公司成交價格是年營業額的三倍，巴布和崔斯認為我們應該買下。其實，他們犯了本書所談的最常見錯誤。

你絕不可以只從一家公司的營業額，來評估其價值。沒錯，每個產業都有一個用來估價的粗略經驗法則，而且通常以營業額的倍數表示，但這不過是出於習慣和方便。讓大多數買家感興趣的，是一種叫做「現金流量」的東西，而現金流量是利潤的函數，不是營業額的函數。

結果，巴布和崔斯所提到的公司，根本就沒什麼利潤。這家公司是一對父子檔外加一輛有碎紙機的卡車，他們所在意的就是混口飯吃，可以用極低的價格——每磅六美分——大量做銷毀工作以求餬口。這樣的方式對他們來說，或許還可以，但對我們這樣的公司而言，這家公司毫無價值可言。

首先，我們光是收取文件，並確保以安全的方式銷毀，成本就高於每磅六美分——更別提間接費用了。當然，這對父子檔可以不管間接費用，因為他們根本就沒有間接費用。除了實際服務的成本之外，他們沒有其他重要的費用。結果是，就算沒什麼毛利，他們也混得過去。但任何有間接費用的公司，沒有一家可以在沒有毛利的情況下生存。我們絕不考慮去買一家沒有毛利的公司，也不會買這父子檔的客戶名單，一旦我們接手開始收取該收的價格，很可能沒有半個客戶留下來。

那麼，你可能會問，這父子檔怎麼會認為自己的公司值一百二十萬美元呢？

和大多數人的情形一樣。當你聽到你那產業裡的某家公司，能以營業額的三倍售出時，很自然的，你會認為你公司的價格也差不多在那個範圍，就像你會認為你房子的價格和街上剛賣出去的那家差不多——雖然你對那棟房子一無所悉，也不知道買主為什麼要那棟房子。

與那些有興趣買我公司的人交談，終於讓我治好了自己的這個傾向，我建議你也這樣做：從了解潛在買家要的是什麼開始。

算一算，你公司的EBITDA是多少？

當然，這和潛在買家是什麼人有很大的關係。有些買家會因策略理由而買公司，有些是因他們要市場占有率，有些是因他們看到合併的綜效，有些是因他們想要增加盈餘。然而，不管他們的動機為何，我打賭他們會先看你的「未計利息、稅項、折舊，及攤銷前盈餘」（earnings before interest, taxes, depreciation, and amortization, EBITDA）。

當你用這個數字，減去每年所需之最低新資本支出（capital expenditures, CAPEX），你就得到相當好的現金流量估計數。也就是說，你所看到的現金數量，是一家公司經營一年之後所產生的資金，這筆資金是扣除了所有的營運成本、費用，並支付最低的新資本支出，但尚未支付其所欠的稅賦、利息（購入者也許不用付），也沒有扣掉折舊和攤銷（這是會計機制，用來反映某些資產的成本和耐用年限）。

假設購併者可以算出你公司的EBITDA，接著就要看其他條件。我說「假設」，是因為大多數的小公司都沒有經會計師簽證的財務報表，也沒有好好保存財務紀錄，讓購併者根本無法對EBITDA做合理的猜測。沒有這些資訊，你可能就無法把公司賣給老練的購併者，當然也就賣不到好價錢。

然而，我們這麼假設好了，就算你的公司有不錯而扎實的EBITDA、而且你能證明數字都是正確的，也還是不等於已經大功告成。購併者會想要知道，EBITDA從哪裡來？你是否有廣泛而分散的客戶基礎？有沒有跟你簽長期合約？你的價格是否和市場一致？

我認識一個人，他的同業中，有幾家公司以營業額的三到四倍成交。他想把公司賣掉，但卻不明白為什麼乏人問津。問題就出在，他有幾個大客戶貢獻了一半以上的營業額，而這幾個客戶所拿到的價格都太高了。這種事的確可能發生，有時是因為客戶隨著時間而有所成長，卻沒有得到應有的折扣，有時是該公司負責的人能力不足、或是沒把工作做好。不管什麼理由，短期內，你可以像土匪一樣巧取豪奪，但長期來看，你一定會出問題。如果這些客戶占你營業額相當大的百分比，你的損失就會很慘重。聰明的購併者會注意到這個風險，並據以折減你公司的價值，或是決定你的公司不值得買。

假設你的公司的確經營得很好，你能夠賣到的價錢，大約介於EBITDA的五到十倍之間。確切的倍數還要視許多因素而定，例如利率。當利率上升——錢就變得比較貴，倍數通常會跟著下降。如果利率下降，倍數則會上升。倍數還會受到潛在買家相互競價，以及有多少好公司同時求售的影響；其他關於貴公司的特定因素，也會有影響，例如閒置產能，通常可以讓售價高一些。但不管是哪個產業，最後的成交價會落在EBITDA的五到十倍之間。

為什麼？因為購併者所要買的，是未來的賺錢機會。未來可能賺到的錢越多，他們所願意出的價錢就越高。相反的，假如貴公司現金流量減少的風險越高，他們所願意付的價錢就越低。

然而，雖然這個道理很明顯，但在你賣出之後，你的同業在談到購併者用什麼價格買你的公司時，卻不是用這個說法。事實上，你在談自己的成交價時，可能也不是用這種說法。你會把它轉化成營業額的倍數，或是大家所熟悉的其他經驗法則。例如，在檔案倉儲產業裡，我們經常聽到某人以「每箱多少錢」的價格把公司賣掉。如果購併者所買的只是客戶和箱子，這種說法當然沒錯，但如果買的是整個公司，那麼這不過是個簡化的說法。很遺憾的，這會讓我前面提到的那對父子檔，對公司的價值產生誤解。

那麼，這對父子就永遠不可能把他們的公司賣掉嗎？未必。我懷疑會有哪個理性的人，會用一百二十萬美元來買這家公司，但這家公司對某種類型的買者，也就是像這對父子一樣的人，還是有其價值。首先，這家公司是否可以產生足夠的現金，讓其他人可以賴以為生，同時還留下足夠的錢，可以在，譬如說五到六年內，每個月付錢給這對父子？第二，對買方來說，自己重新去開一家，會不會是更好的選擇？我無法回答這些問題，但我希望這對父子在計畫賣掉公司之前，能夠回答這些問題。

師父的竅門

1 當你開始一個新事業時，要親手記下每個月的營業額和毛利率，直到你能好好掌握這些數字為止。

2 找出可以在營收報告出爐之前、即時告訴你事業做得如何的關鍵數字。

3 更多的營業額意味著現金流量變少。在你還有時間處理之前，先搞清楚你將來需要多少的現金流量。

4 要了解EBITDA，並用其倍數——而不是營業額的倍數——來衡量你公司的價值。

| 第 6 課 |

學習談判的藝術

在我們繼續討論之前，我想先花點時間聊聊「談判」這件事。這是基本的生意技巧——我想你也知道。事實上，做生意，很多事情都和談判有關。從你想要有自己的公司那一天開始，一直到你把公司賣掉求現為止，你都離不開一個接著一個的談判。你或許會用其他的詞來稱呼——「籌錢」、「銷售」、「租房子」、「僱人」、「買保險」、「裝設電話系統」等——但每一個步驟，你都是在談判，如果你不了解這個過程，你就會付出相當的代價。

為什麼？因為你會不知變通。你會太專注於自己的需求，而聽不到談判對方所要說的話。結果，你會失去得到更好條件的機會。

我可以給你一個相當典型的例子。當時，我們一棟倉庫的工期意外延宕，無法配合我們所收到的新箱子及時完工。我們必須馬上找到其他的倉儲空間，而且不是任何地方都可以。我們需要特殊型式的倉庫，要有非常高的天花板；必須離我的公司不到幾條街的距離；而且，必須能夠讓我們馬上搬進去。

符合前兩項條件的房子，五根指頭數得出來。這會讓我處於非常艱難的談判地位，任何三項條件都符合的人，都可以讓我乖乖就範。如果我滿腦子只想找個地方，我就會不自由主地任憑不動產仲介宰制。但是，我還是希望這筆交易越便宜越好。想要找到房子，**同時**還拿到好價錢，我就必須談判。

談判，從我打電話給仲介那一刻開始。記住：當你第一次和外部人互動，你就是在開始談判了。我把我所要的房子規格告訴仲介，並告訴對方，我願意照行情價——大約每平方英尺五美元——交易。他說，在我這附近，不管是什麼價位，這種房子都很少。

我說：「好吧，其他地區我也會去找，先看看你能找到哪些房子再說。我希望能在附近，但如果價格和條件太離譜的話，我就去別的地方。」

這有點在唬他。其實我最不想要的，就是到其他地方去，在附近找到房子，對我真的很重要，但我不想讓不動產仲介知道這點。在談判上，你必須讓對方去猜測你的真正需求和優先考量事項，否則你要嘛得不到自己想要的，要嘛得付出更高的代價。

幾天後，仲介回電給我，說他找到符合我需求的地方。我去看了，很理想。「還可以，」我對仲介說：「價錢呢？」

「屋主開價每平方英尺六・五美元，而且要簽五年的租約。」

「太離譜了，」我說：「我不想付超過四・七五元。」

再一次，我是在唬他。如果別無選擇，我會願意接受他的價錢，但我現在還有一個因素要考慮：我們的倉庫再過幾個月就蓋好了，簽五年租約，到時候我就有空間太多的問題。那麼，為什麼我把焦點鎖定在價錢，而不是條件？這是策略問題，也是我的另一條法則：先談次重要的事。因為，當談判結束時，你將會在這件事情上，對對方做最大的讓步。在這個談判點上讓步之後，你的頭號議題，就會有更多的談判籌碼。

接下來的幾個禮拜，我們一直在討價還價，由仲介居間聯繫。最後，地主降到每平方英尺五．八美元，仲介說，他不會再降了，因為他另外的兩個房客，就是租這個價錢。我說：「好吧，但還有一些其他的問題。也許，他和我可以坐下來談談。」

原則上，面對面，是整個談判過程的關鍵點，但大多數人把所有的焦點，放在自己所要的事情上，而把會面搞砸。談判就是取捨，要得到自己想要的東西之前，你必須找出對方的需求。

方法只有一個——傾聽。第一，不要有先入為主的成見。我的意思是，不要對對方的想法有任何的假設。不管猜對還是猜錯，都會蒙蔽你的心智，讓你聽不到對方在說什麼。第二：永遠假設會議室裡的每個人都比你聰明。如果你認為自己比其他人聰明，你就不會去注意對方。因此，我通常會帶一疊黃色便條紙去開談判會議。我會在便條紙的第四或第五頁，寫上三次**笨蛋**，當我認為自己實在是太聰明的時候，我就會翻到那頁，偷偷地給自己一個當頭棒喝，然後繼續注意聽對方講話。

這位地主沒有採用我這套規則。事實上，他根本不是來談判的。他進來之後，就馬上大談價格，說他絕不考慮以低於每平方英尺五・八元的價錢出租，那是他的底限，他手頭有另外兩個房客就是租這個價錢，而且他現在並不缺錢，就這樣。此外，他說，他要簽五年的租約。

我注意聽，很清楚他在說什麼：價錢沒有商量餘地，但可以討論五年租約。

這正是我所需要的空間。我說：「聽好，我認為五・八元太貴了，但我們暫時先擱下這個，談談第二個問題。我不能承諾租五年，我的公司現在有太多的不確定因素。」

我解釋了我的狀況。他說：「好，但我要五・八元。」

我說：「好吧，如果你一定要這個價錢的話，我想我可以勉強接受，只要你讓我在五年當中，可以隨時中止租約。」最後，他同意讓我可以在七個月之後中止租約，而我同意付他每平方英尺五・八元。這是個公平的交易，雙方都得到自己最想要的條件。

話說回來，如果地主用不同的方式處理這個會議，他會拿到更好的條件。他應該一進來就好好的傾聽我說，他應該強迫我先發言。他的開場白應該這樣：「很高興和您見面，我知道您已經和我們的仲介談過了，他已經把租約的條件說明清楚。您準備好要簽約了嗎？」

我會說，我認為價格太離譜。然後他可以堅持收費不能低於其他的房客。接著換我提出五年租約的問題。這時，他可以打斷談話，說：「等等，我們是要一條條地討論租約——先談價錢，然後討論租期，接著是暖氣和冷氣；還是說，你要簽就簽，不簽就拉倒？」

他會讓我處於挨打的地位，可以把我壓住。我也許還是能夠得到隨時解約權，但必須付出更高的代價。而他卻便宜了我——最後，我其實是相當於以短期租約的方式，取得別人長期租約的價錢。

往好的方面看，我認為地主倒是得到一個滿意的房客。而且，後來我的狀況有些改變，我們最後租滿了五年還續租。十五年後，我們還在租，而且還多租了兩倍大的地方。因此，這個租約最後對雙方來說，都是個好交易。

。請教師父

如何有技巧地窮追不捨？

師父，您好：

我常聽人家說，在談判上，有一個時點是輪到誰發言誰就吃虧。我很想爭取一個很大的客戶，已經做好了一份建議書，聯絡窗口也已經交給他們的財務人員。他應該給我回覆才對，但我已經打過兩次電話，他都沒回音。我知道，他想要折扣，好讓他們把折扣轉給他們的客戶，他計畫在即將召開的一個會議上向他的客戶報告這個消息。我應該在這個會召開之前打電話給他，還是靜候他的回應？

丹尼爾

。

親愛的丹尼爾：

如果遵照不先開口的規則，許多談判就會僵在那裡。我認為，你不應該擔心談判籌碼，而要擔心爭取客戶的問題。問題是，你的聯絡窗口為什麼不回電？可能是不好意思告訴你壞消息。你必須讓他們覺得自在，否則你永遠不知道問題出在哪裡。如果我是你，我會等到最後期限已過，然後在他的語音信箱留言，說：「我知道會議昨天開過了，我只是想讓您知道，即使目前這個案子已經沒機會了，我們還是有興趣未來繼續與您合作。所以，請您給我一個電話吧。」

諾姆

。

溝通，不只是「說話」而已

我的意思不是說，成功的談判完全靠策略。畢竟，經驗很重要，直覺也很重要，但我相信，最重要的是我在第一課所提到的那種心智習慣——質疑你在表面上所看到的、檢驗裡面的元素，並挖掘事實真相的習慣。這個習慣，讓我達成了我這輩子最好的交易。

我的公司坐落在紐約的布魯克林區，隔著東河對面就是曼哈頓市中心，我們的倉庫幾乎占了一整個街區。河邊有一塊占地五八．八萬平方英尺的未開發臨水地，多年來，我一直想買下與我那塊地（一七．二萬平方英尺）緊鄰的街區，並蓋個新倉庫，但沒有人要賣。一九九九年秋季，居然傳出整塊五八．八萬平方英尺的地要賣，當時，我正準備要買下數英里之外的一塊地，知道這消息之後，馬上把這案子擱置，並開始研究怎樣把隔壁這塊地買下來。

從表面上看，我根本沒機會。雖然以曼哈頓的標準來看，這塊地是非常的便宜，但還是遠超過我的預算範圍。而且，競爭者非常多。我知道有很多人都想買下一塊位於市中心、可以眺望曼哈頓全景的臨水區土地，如果要競標，我看我就沒機會了。

但正如我所說的，那是表象。一定會競標嗎？未必。很多人都以為，錢是最重要的關鍵，事實上，別的因素也很重要，而且可能比錢還重要。只有賣方才能明確地告訴你，哪個因素比較重要。而賣方通常不願把這個答案告訴你，總是會讓你自己去猜。

這個案子的賣方，是家荷蘭的銀行，辦公室設在愛荷華州。案子由一家不動產仲介負責處理。仲介當然希望賣的價錢越高越好，但這家銀行是怎麼想呢？也許最理所當然的答案——錢——未必是正確答案。

我有兩個員工，班和山姆，有這方面的經驗（詳見第十六課）。班打探到銀行負責這塊土地的人，並讓他知道我們對這塊地有興趣。「很多人都有興趣，」這位行員說：「請排隊。」

「但我們很有誠意。」班說。

「很多比你們還大的公司也有誠意啊，」行員說：「你們的資金在哪裡？我已經受夠了把案子懸在那邊，遲遲無法結案。」

原來，是有人以這筆土地向這家銀行抵押貸款，於一九八〇年代後期無法還本付息。銀行的律師試著要拍賣這筆土地，但對方用盡各種法律手段橫加阻撓。最後銀行終於取得這塊地的所有權，並和一個開發商簽訂銷售契約。這個契約定了一些條件，當這些條件沒辦法達成時，案子就停擺了。「我可不要再來一次。」行員說道。

雖然這名行員沒有把價錢說出來，但在他的心目中，價格高低顯然不是重點。這家銀行曾經簽過契約，以高價賣出，但被坑了。我思考這名行員所說的話，我認為他真正想要的，是絕對穩當的成交，而且要迅速結案，最好在十二月三十一日之前，好讓他的老闆能夠看到數字。我猜，如果我們能夠和他溝通、能夠滿足（我們所認為的）他的最大考量點，我們就能以低於市價二〇％的價錢，買到這塊地。

我所謂的溝通，不是「說話」而已。行員不會相信口頭上的東西，我們需要有穩如磐石的融資方式，而且我們必須至少付出成交價的一〇％當訂金，也必須把其中相當大部分列為不可退回的錢，以展現我們的誠意。

山姆和我聯絡了我們所認識的一家位於華盛頓特區的投資公司——聯合資本公司（Allied Capital）。我們要的是一份總交易價金的承諾書，我要求這家投資公司進來當合夥人，一起買這塊地；我會保留我旁邊的街區以做為新倉庫之用，然後把剩餘的四一・六萬平方英尺賣掉，利潤歸投資公司所有。我得到我想要的地，而他們則得到豐厚的利潤。

投資公司答應了，但我必須答應他們兩個條件：一，訂金中不可退還的部分，得由我承受；二，我必須找其他人一起合夥，承諾買下其餘的土地。

事實證明，尋找合夥人比我想像中還容易。我打電話給在附近開公司的朋友，他的土地最近被重劃為住宅區，讓土地增值了不少。「好啊，沒問題，」他說：「我馬上就可以買下你的土地，反正我的土地要賣了，而且我想留在這個區域。」

於是，所有條件都到位了，我們可以出價並迅速結案。

到了十月，我和合夥人提出我們的報價，並要求該銀行把條件開出來。第二天，買賣合約送來了，要三十天結案。他們指示我們簽完後送回，並附上一〇%的訂金，全部不可退回。這些條件我們無法接受，但證實了我對這家銀行的猜測。於是，早有準備的我們，要求六十天結案，而不是三十天；而且堅持一〇%訂金中的四分之一為不可退款。經過一個星期左右的修正，合約終於簽了。六十天之後，我們擁有了這塊地。

我相信，別的買家會很驚訝。其中有家大型公用事業公司，就提出高於我們二〇%的價格；而且我猜還有出價更高者。這個案子一結束，馬上就有人來找我們，要用我們買整塊地的兩倍價格買下其餘的土地。

連銀行的律師也被我們的成功給嚇到了。「你們是怎麼拿到這個案子的？」他問。我們只是微笑以對。

土地買下之後，我帶進來的朋友得到他的二五％，而我們最後在所分到的二五％上蓋倉庫。其餘的地最後賣給公共用地基金會（Trust for Public Land），可能做為州立公園。

。請教師父

對方一再刁難，我該怎麼辦？

師父，您好：

八個月來，我一直在和一家公司談判，授權他們生產我所發明的玩具。談判進行得非常緩慢，讓我很痛苦。我寄一份簡報過去，對方要改；我妥協之後，公司會要求更多的修改；我又再次妥協。有一次，我的聯絡窗口堅持要把合約拿給律師看，而律師竟把合約給撕了。於是我們又重新開始。

這樣進行了幾個月，我收到傳真，要求全面修改。我真不敢相信。我開始認為，我的談判對手不把這當一回事。每當我們快要簽約時，他就會提出更多要求修改的東西。我該在什麼階段放棄，去找另一家廠商？

約翰

親愛的約翰：

發生這種事，你不應該感到意外。優秀的談判者永遠會為自己的公司爭取最好的條件，只要對手同意，他們便會得寸進尺。你的問題在於：你讓對方來設定基本規則。你應該一開始，就堅持業務問題要和法律問題分開，而且一旦業務問題談妥之後，絕不允許律師再提出業務問題。我建議你，對你的聯絡窗口這樣說：「抱歉，這次我真的無法再讓步了。我仍然認為貴公司是我產品的最佳選擇，但你已經讓我別無選擇，只好去找別家。也許將來我會發現自己錯了，果真如此，我也許還會回來。」如果這傢伙說，你不用再回來了，也許，他根本就無意和你簽約。

諾姆

有點「不滿意」，就能快樂成交

在理想的世界裡，所有的談判都會像我前面所舉的例子一樣，有著完美的結果——雙方都為達成各自最重要的目標，感到滿意。

但是，世界並不完美，並不是所有的談判都氣氛融洽。前陣子，我和一家供應商起了爭端，這家公司為我們的快遞公司處理長途運輸。我們對這家供應商的付款日是三十天，但因為該公司的請款程序和銀行安排問題，實際上對方要將近五十天才拿到現金。這家公司說，我們應該付快一點，我們說，他那麼久才拿到錢並不是我們的錯，如果他要更快拿到錢，應該加速他的請款流程並更換銀行。我們來來回回地吵了一陣子，然後這傢伙揚言，要扣住我們的一批貨，直到我們支付他聲稱已經過期的六千七百美元為止。

我很憤怒。要知道，我已經和這些人合作了好長的一段時間，一直是個好客戶，為他們帶來好多的業務。現在，他們不是針對問題點和我們協商出合理的解決方式，而是扣押我們的貨，強迫我們在付出贖金和傷害與客戶關係之間做選擇，這太不講道理。當我試著要找這家公司的老闆時，他竟不回我的電話。於是我問同事，總共欠對方多少錢，答案是大約一萬三千元。我說：「好，付他們六千七百元，把貨放出來。之後一毛錢也不要給他們，讓他們來告我們好了。絕對不要再和這些人做生意。」

不幸的是，在生意上，這類的爭端經常發生。一個客戶、一家供應商、一名員工、一個競爭者、一個合夥人——每隔一陣子，就會有人使出賤招攻擊你的要害，激怒你。

那麼，你該怎麼辦？找律師？我做生意的前二十年，就是這樣想的，我會毫不猶豫地去告不當對待我的人，或是逼使他們去告我。那時候的我，字典裡沒有妥協二字，一旦你越界，就別想妥協，你會變成我的敵人，我會不惜一切和你在法庭上戰到底。

直到經歷破產之後，我才開始懂得妥協。我申請破產保護之後，根據破產法第十一章，我可以請求法院下令銀行維持和我以前的合約，等於強迫銀行繼續把錢借給我。由於有六百個工作做籌碼，我想，我有把握勝訴——我是如此地有把握，甚至不想和銀行協商新條件。我很確定我會贏。

法官卻不這麼認為。在第一天早晨的辯論結束時，她宣布她傾向於做出對銀行有利的判決。我很震驚，很恐慌，眼看著就要失去公司了，在走廊上，我走到銀行的律師那裡，希望再談談。他們連聽都不想聽。

那天下午，繼續開庭辯論，而法官再度讓我們大感意外。「現在，我傾向於採用原告的提案，」當我們準備休庭時，她說。「我們明天早上繼續開聽證會。」走出法庭時，銀行的律師說，他們願意重新考慮和我好好談談，但現在，換我不急了。

第二天又上演同樣的戲碼。我終於明白，法官對我們釋出一個訊息：她要我們自己談出一個協議。在中場休息時，我和律師與銀行的律師坐下來談，做出一份雙方都不是很滿意、但可以接受的協議。回到法庭上，我們把這個協議告訴法官。她看著我說：「布羅斯基先生，你現在懂了嗎？」

我說：「我懂您的意思，但我不明白您為什麼要這樣做。」

「那麼，我就解釋給你聽吧，」她說道：「這世上最好的協議，就是每個人對所得到的結果都有點不滿意。在這裡，布羅斯基先生，你不會得到所有你想要的東西。銀行也一樣。我可以告訴你們怎麼做，但讓你們自己去達成協議，不是更好嗎？」

對我來說，這是一大啟示——或許是因為她告訴我的時間點，正是我這一生當中，準備要大徹大悟的時候。這席話，完全改變了我處理爭端的方式。在一九八八年九月這一天之前，我應該有四十個法律訴訟案，大多數都一直打到判決為止。自此之後，我再沒有任何一件爭端，需要鬧上法庭解決。

當你接受用稍微有一點「不滿意」來結束爭端，好事就會發生。你不再讓情緒控制你的事業決策，不會陷入憤怒或報復的感覺。你會去找解決方案，而不是去找麻煩。你會開始去考量你能夠容忍的結果，而不是想盡辦法去得到所有你想要的東西。在這個過程中，你會為你自己省下許多錢。我說的，可不只是訴訟費而已。你不必花太多時間去算計、開會，以及擔心法律訴訟，更別提被傳喚、長時間枯坐在法庭裡。當你看到數字，就會知道請律師解決爭端，幾乎永遠都是不划算的事。

讓我們再回頭談一下我和那家長途託運公司的爭端。對方說，我還欠他們六千三百元。我說，他們把貨押住，違反了合約，而且破壞我和客戶的關係，我不應該再付任何的錢給他們。告上法院，雙方至少都要花一萬美元。一旦結果出爐，即使是贏家也要損失好幾千元。同時，我們還要忍受好幾個月的憤怒，並把數不盡的時間，花在打官司上，而這些時間原本該拿來做正事。

起先，這家託運公司的老闆並不了解這點。他請了一名律師來威脅我，說要上法院。我打電話給這名律師，對他說，我只提供一次的機會給他們，我願意花三千五百元解決這個案子。反正，我最壞的情況下，就是用六千三百元來解決，而不必付其他打官司的費用。而如果打起官司，這家託運公司不但會失去一個好客戶，還得負擔一筆法律費用。最後我們兩造達成協議，用三千五百元解決——雙方都得到不盡滿意的結果。

師父的竅門

1 傾聽是談判最重要的一部分。你務必聽懂對方真正要講的是什麼。

2 去談判時，先不要有成見，而且永遠假設對方比你聰明。

3 養成習慣，去質疑你所看到的表面現象，挖掘真正的實情。

4 在對立的談判時，最好的協議就是讓雙方都感到不盡滿意。

| 第 7 課 |

勇敢的開口

我在前面提到，我父親用各種很有意思的話，來闡述他的生意哲學，並塑造我的事業觀。

這些話都很棒，其中有一句話我特別喜歡，對我做生意的方法，產生最大的影響：「你不提出要求，就不可能得到。」

想當一個成功的生意人，祕密就在這句話裡面。

我來告訴你一個故事。幾年前，我和我太太伊蓮參加一場大型晚宴，當時還是副總統的高爾（Al Gore），是這場晚宴的特別來賓。宴會廳裡應該有好幾千人，大都希望能見高爾一面。我們也希望見他一面，但我們坐在很遠的角落，和副總統之間隔了好幾百個客人、安全警衛，和特勤人員。吃完主餐後，我站了起來。「你要去哪裡？」伊蓮問道。

「我要去和副總統說幾句話。」我說。

要知道，當時沒有任何客觀的理由，讓人相信我能夠接近這個人。我和其他一千九百九十九個人比起來，完全沒有特殊之處，可以讓我占用他的時間；何況，特勤人員也不會讓任何人通過。

但我不去想成功的機率。如果我想，也許就不會去試了。我只是遵照我父親的訓示：你不提出要求，就不可能得到。

我走到副總統的座位附近。一名警衛把我攔住：「你不能過去。」「高爾是我朋友，」我說：「我只是要和他打個招呼。」這時，副總統往我這邊看過來。我招招手，他也招手回應。「你看，他向我招手。」我說。這名警衛轉身過去，看到高爾在招手，於是讓我進去。

我坐到副總統旁邊，開始和他閒聊，這時，伊蓮和我朋友艾德溫也走到警衛那裡。我說：「副總統先生，那是我太太和我的一位好朋友，能不能讓他們也過來這邊？」

他向警衛大聲說：「那兩個人沒問題。」於是，我們一起和副總統聊了幾分鐘，然後握手離開。這時，有好幾十個人排隊要見他，但警衛不讓任何人靠近。

我經常做這種事。很多人認為，這需要勇氣，但這和勇氣無關。只有當你害怕被拒絕時，你才需要勇氣。我對這種狀況不會感到害怕，也不抱期望。我的態度是：去試一下，看看會有什麼結果。如果我得到我想要的結果，很好。如果沒有，喔，我可以笑一笑，然後走開。

祕訣，就在於態度，也就是「你不提出要求，就不可能得到」這句話的哲學。我花了很長的時間，才真正了解這句話的意義。最後，我終於明白，這句話讓提出要求的恐懼感消失。你將會了解，除非提出要求，否則什麼也得不到。

因此，不妨試試看。在這個過程中，你會泰然接受「經常被拒絕」。而你將會很意外的是，被拒絕的次數，遠比你所想像的還少。

克服「被拒絕的恐懼感」

我父親的原則給了我許多幫助。其中之一，就是讓我成為一個很好的業務員，因為，我不怕得到**不**這個答覆。

你常常聽到，業務員必須克服「被拒絕的恐懼感」，但是，被拒絕的觀念，從來就沒有進入我的腦子。即使是打推銷電話，當我銷售失敗時，我從來都沒有被拒絕的感覺。我只是想：「既然這麼做行不通，我得試點別的。」

不這個回應，只不過是一種「沒有發生的機會」。我不會把它看作是針對我個人，而且我不會覺得不舒服。

這是做生意的一大優勢。我的體認是，有了這種想法之後，你就能夠得到更多的業務、談到更好條件的交易，因為你不會停止提出要求，不會自我設限。是的，你會彬彬有禮，你會細心傾聽，你會試著不要過分積極以致冒犯別人。但另一方面，你不會退縮，你願意不斷地前進，直到對方迴避——這正是確認自己是否做得太過分的唯一方式——為止。

而且，你不會羞於找其他人來協助你建立事業。你不會因為找朋友、同事、供應商，或其他人幫你引薦或提供顧客來源而感到不安。當然，接著你也有義務為他們推薦或提供客源，因此，你必須稍微謹慎一點。除非你對他們有信心，可以把事情做好，否則就不要把他們推薦給客戶。

我對很多的同行都有極大的信心，而且他們一向都會給我回報。我最大的三個客戶，就是來自和我交換客源的人。

然而，我真正要感謝的是我父親。是他的諄諄教誨，讓我養成好習慣，進而能夠在事業上飛黃騰達。

你眞正從事的是什麼事業？

勇於推銷固然重要，但銷售當然不只是這麼簡單的一回事。你必須搞清楚，自己到底有什麼東西是大家想要買的。這表示，你必須搞清楚你真正從事的是什麼行業，通常，這不是從表面上一眼就可以看出來的。

我朋友麥克曾經告訴過我一個故事，美妙地說明了這點。

他在長島南岸長大，父親在當地開海產店。魚貨來自一個叫做弗瑞德的人所開的公司，他還供應當地許多家的餐廳。有一天，麥克和弗瑞德聊到他的生意。「你想知道我為什麼做得很成功嗎？」弗瑞德問道。

「因為你賣給很多餐廳。」麥克回道。

「錯，」弗瑞德說：「因為我知道我做的是什麼事業。」

「你做的是魚貨買賣。」麥克說道。

「不完全是，」弗瑞德說：「我真正做的是銀行業。我用魚來貸款給餐廳。你看，餐廳是個季節性產業。我和其他優秀的銀行家一樣，知道什麼時候客戶缺現金，也知道客戶什麼時候是旺季。我幫他們度過淡季，並在生意轉旺之後向他們收錢。他們付給我的錢不只是魚而已，還有我放給他們的信用。我把信用成本，放進了價格裡面。」

弗瑞德對自己事業的看法，似乎頗特殊的，但他的經驗卻非獨一無二。很多公司經常因乍看之下不是很明顯的理由而成功，聰明的企業家通常會了解這點。他們知道，自己必須以不同的方式思考事業，才能和競爭者有所區隔。這是你替自己定義利基過程的一部分，一旦你定位出自己真正的事業，即使是在最競爭的市場裡，都還是能用這個知識，建立穩固的客戶基礎。

我的檔案倉儲公司，就是這樣。當我在一九九一年開始做時，我以為自己進入了一個典型的服務業。我前面提過，我的策略是提供有競爭力的價格以招徠客戶，承諾給他們優秀的服務、先進的科技，和方便存取的倉庫。當時，能夠同時提供這三項好處的檔案倉儲公司沒幾家。

我以為我們一定會有爆炸性的銷售，不料卻是空包彈。我們很快就發現，我們的科技和地點，對客戶來說，沒有我想像中的重要。他們所關心的重點是：需要時，能夠拿到箱子。我們把箱子放在哪裡、如何保持紀錄，是我們的問題，不是他們的問題。至於服務，哪家不保證有優秀的服務？更何況你還沒有經營紀錄可查，無法提供口碑，證明你的服務和別人不同。

因此，我們無法用我們所仰賴的三大法寶來打動客戶。而且我們也發現，大多數的潛在客戶都已經簽了長期契約，而這些契約都有一個標準條款，規定客戶要把他們的箱子永遠搬離倉儲公司時，必須支付所謂的遷出費。實際上，這等於是客戶一開始就同意，如果他們要更換合作廠商，就要付一筆不少的錢。

我對我們的服務很有信心，但這的確是很大的障礙。我知道，除非我們能夠提供他們一個擺脫合約束縛的方法和明顯的低價，否則就不能引起潛在客戶的注意。

要知道，我通常不喜歡價格競爭。那是危險的遊戲，對新開業者而言，低價意味著低品質。大家會懷疑，你是不是真的能夠提供你所承諾的好處，而且，就算可以，又能撐多久？競爭對手會用你的低價來對付你，向客戶說，你靠不住，無法存活。事實上，如果你的毛利率太薄，你可能無法生存，等到發現時卻已經太晚。如果客戶只是因為你便宜才來找你，當你提高價錢時，他們很可能就跑掉了。

另一方面，如果我的成本低於競爭者，我就不怕提供比競爭者還低的價格。我不是要做單純的價格競爭——我也賣我們的服務品質——但如果我擁有成功所需的毛利率水準，我就不反對用低價來做敲門磚。

那麼，我要如何得到比同業的競爭者更好的毛利率呢？答案是：我必須以不同的方式看這個產業。我必須問我自己：「我真正做的是什麼行業？」

我在意外中想到答案：不動產業。我們不只是存放檔案；我們是把倉庫空間，出租給箱子。而你要如何從一棟建築中，賺到更多的租金呢？答案是，找出更多可出租的空間。如果我們每平方英尺，能夠比競爭者裝進更多的箱子，我們就能夠收取每箱較低的價格，而且還有較高的毛利率。於是我們去找天花板非常高的倉庫，放進能夠讓我們充分運用空間的架子。

同時，我不斷試著用不動產業者的思維想事情。我問我自己，如果我在一個冷門的地段，有一棟全新的建築，我會怎麼做？我要如何吸引房客？

首先，我也許會提供租金優惠。如果房客簽了五年租約，我也許給他們六個月免費。或是，如果某個潛在房客在其他地方還剩一年的租約，我也許會幫他付那筆錢，或是第一年免收租金。還有，如果房客的信用不錯，但現金不多，該怎麼辦？我也許會同意為他做裝潢，並提高租金以吸收裝潢成本。

我知道，這些都是我可以用在檔案倉儲事業上的戰略。例如，我可以把遷出費，當做裝潢成本。如果有個客戶想要轉到我們這邊，我會做出一個合約，由我們負擔他付給別家倉儲公司的遷出費，然後提高每箱的價格，以做為補償。

我們開始運用這些策略，結果業務瘋狂成長。我們的競爭者氣瘋了，他們告訴客戶：「布羅斯基是個瘋子，他活不下去的，他撐不過兩年！」

我回應的方法，是帶客戶來看我們的倉庫。我說：「你可能覺得很奇怪，我們怎麼能提供比其他人還低的價格。」他們點頭。「好吧，請看看我們天花板的高度，」我說：「我們每一萬平方英尺，可以放十五萬箱以上，我們的競爭者只放四到五萬箱。我們的倉庫可以放他們的三到四倍，所以，其實我們收費還是偏高。」

客戶會笑著要我們打折。我便笑著說：「不行，我們必須收這個價錢——因為我們還提供許多其他的服務……」然後我就接下去談這筆生意。

結果，以不同的方式思考我們「所做的事情」，竟成為我們成功的關鍵。和弗瑞德這個魚貨配銷商一樣，我們因為搞清楚自己真正從事的是什麼行業，而生意興隆。不到十年，我們就成為全國最大的獨立檔案倉儲公司。當然，成功帶來成功的問題，例如很多競爭者決定採用同樣的方法——建立更大的倉庫，一開始就幫客戶付遷出費。我們曾經擁有我們自己的小小利基，這個利基建立在我們對事業的看法上，但現在已經沒了。我們和競爭者都在做不動產事業。

。請教師父

不善於談生意，怎麼辦？

師父，您好：

我和我的合夥人強尼有一家開了兩年的科技公司。我們的問題是，我們兩人都不是做業務的。強尼是工程師，我是系統分析師。我寧願拔牙時不打麻藥，也不願出去賣東西。因此我們需要一名業務，但我很擔心，我們會找來一個把我們小店搞垮的業務員。我們提供一年不滿意退錢的保證，如果退貨太多，我們就會倒閉。我們的商譽還不怎麼樣，沒本錢走高檔路線。我們要如何做，才能確保我們找到合適的業務員？

艾瑞克

。

親愛的艾瑞克：

首先，你必須了解，其實你們自己，才是貴公司產品的最佳業務員。你們比其他人更了解產品，而且你們有熱情。你們可能對初次接洽潛在客戶感到很困擾，但沒關係，找個人幫你們做這部分。找個光鮮亮麗，而且擅於電話行銷、拉關係，和懂得分辨客戶的人——而且這個人要能應付銷售活動最困難的部分，也就是：被拒絕。讓這個人把經過初步篩選、有購買意願的客戶帶進來，再由你們去完成銷售。這樣，你們就能控制客戶對你們的期望。

諾姆

捲起袖子，自己找「利基」

像我這樣的經驗，其實很常見。利基很難捉摸，而且——和一般人的想法相反——大多數的公司，一開始並沒有利基。一般而言，你會在公司成立之後——不是之前——找到利基。事實上，事後才發現自己所投入的事業，和原先所以為的大相逕庭，是常有的事。因為，任何一個事業在還沒實際嘗試之前，你永遠無法明確知道要如何賺錢。

我說的「實際嘗試」，是捲起袖子，投入市場，開始銷售。一旦你開始做這些事情，有趣的事便會發生。你會碰到意外的障礙，你會無意中碰到機會，你也許會發現，原先的計畫是如此離譜，你只好必須想出全新的方法。

我的第一個事業——理想快遞公司，差不多就是這樣。當我在一九七九年開業時，我認為我所投入的是快遞服務事業。當時，那是個非常競爭的行業，光是紐約市，就有三、四百家的快遞公司。我很快就發現，要拉到生意，我唯一能用的方法就是低價。問題是，我們無法靠價格競爭生存，而且無論如何，我都不願做一家低毛利率的公司。我知道，若沒找到其他的路子，就得關門。

有一天，我向一家叫做三劍客（Scali McCabe Sloves）的大型廣告公司經理推銷我們的服務，這位經理不怎麼歡迎我們。「我們真的很滿意我們現在的合作對象，」他說：「你能做到哪些他們做不到的事？」

「你們有哪些問題呢？」我問道。

「我們唯一的問題在會計部，」他說：「請款作業很麻煩。」

「怎麼說？」我問。

「我們要花非常多的時間，去把客戶和遞送資料對出來。」

和許多專業事務所一樣，和客戶之間的取件和寄件，三劍客廣告公司都會向客戶收取費用。每當廣告公司的人叫快遞時，他們必須交給快遞員一張帶有客戶代碼的傳票。然後快遞公司每個星期把這些傳票綁在一起，附上帳單，一併寄給廣告公司。再由廣告公司的會計部整理這些傳票，算出要向每個客戶收多少錢。

我要求見會計部的人，他們非常樂意把這套制度和所面臨的困擾說給我聽。我說：「好，我能為你們解決這個問題。我們有一套全新的IBM-32電腦。給我五十張這種傳票，隨便五十張，我會把我們的做法秀給你們看。」

我不是在騙對方，我們真的有一套IBM-32電腦。但是否能用這套電腦解決扣款問題，我其實並不確定。當時，個人電腦還沒現在這麼普及，我們無法到外面買一套合適的軟體。當我們要IBM-32執行某個功能時，必須有專門的人為我們寫程式。和我討論這個問題的程式設計師，沒把握做出我們所要的東西。

儘管如此，我還是得弄出個解決方案。我把這五十張傳票，交給辦公室裡最優秀的打字員，要她用這些傳票，根據廣告公司的客戶代碼做分項加總，造出一份帳單。我們做了應該有二十個版本之後才搞定，然後我拿去給三劍客的會計人員。

他們愛死了，大呼：「太棒了，但能不能請你做一些調整？」

我說：「只要你們喜歡，我們都辦得到。」

這些會計人員非常興奮。他們去找那個拒絕我們的經理，說如果我們做到他們所要求的調整，而且，當然，如果我們的服務很好，他們希望廣告公司跟我們合作。這位經理打電話給我。「聽好，」他說：「我對我們現在所配合的廠商，多少有一些責任，我不希望在還沒給他們機會去做你們所承諾的事之前，就把他們踢開。我可以把你們做的帳單拿給他們看嗎？」

我說：「當然，沒問題。」

幾天後他打電話給我。「他們說你們辦不到，」他說：「他們說這是不可能的。」

「我們辦得到，」我說：「我們只需要一些時間來設定。」

「要多久？」

「三個禮拜。」

「好，」他說：「給你三個禮拜。然後我們試做一個禮拜。那個禮拜結束時，我們就決定誰拿到這個案子。」

現在，我們必須把程式設計出來，但程式設計師不敢打包票。我們的退路，就是用打字機把帳單打出來，但這麼做的成本將會非常高。幸好，最後我們不必走上這條路，程式寫出來了，測試也通過了，最後我們拿下整個案子，營業額從一個月一萬美元，暴增到三萬五千美元。

而這還只是開始呢。這套新帳單系統，很快就成為我們的台柱——當時的說法是，我們的「核心競爭力」。至少有一段時期，這是我們具備、而其他競爭者無法提供的東西，等到他們追上的時候，我們早已打下這個市場，以提供這項服務而享有盛名。也就是說，這項服務定義了我們的事業，決定了我們的客戶是誰、我們能收什麼樣的費用、我們如何銷售、我們還提供哪些費用上的處理等等。

在技術上，我們還是一家快遞公司，但這只是就我們遞送文件、按件計費的業務而言。我們所賣的——客戶所買的——是我們解決客戶扣款問題的能力。我們就這樣糊里糊塗的，從快遞服務跨入資訊處理服務，而且靠這個事業一路挺進，連續三年登上《企業》雜誌五百強企業。

想法要有彈性，指的不只是剛創業的時候。當你把公司做起來，保持彈性也同樣重要。沒有任何一個利基可以永遠存在，一個有賺頭的利基，遲早會吸引競爭者抄襲你的做法。利基越有賺頭，就越快發生這種事。一旦發生，你就失去利基的優勢。這時，你必須尋找另一個利基——除非你的公司已經非常穩，不用靠利基營運。

要怎麼做呢？那就是，建立很棒的聲譽。

。請教師父

競爭者太沒品，我該怎麼辦？

師父，您好：

面對一個沒道德的競爭者，我該怎麼辦？我最近開了一家從事服務業的公司，做得非常成功，但我們的成功引起鎮上一家大公司的注意，他們放出一些不利於我們的風聲，扭曲我們的服務和專業。這些人以前就做過一些下流的勾當，我認為他們早晚會得逞。他們非常有錢，可以撐得比我們任何人都久。您有什麼建議？

羅布

。

親愛的羅布：

我的建議是：不要失焦。要用具競爭力的價格，提供優秀的服務，並建立良好的聲譽。你去找出一些客戶，願意讓人家打電話去求證，看看你服務是否真的很好，把這些客戶的名字告訴你的潛在客戶。最重要的是，不要惡意批評你的競爭者，即使他們對你做出惡意攻訐。否則，客戶會把你看扁了。這是我公司的鐵律。如果我被問到某個我認為不道德的競爭者時，我只會說：「我不認為他們能夠提供你所要的那種服務。」大家都聽得懂。如果你的競爭者不修正他的做法，長期來看，他會是個輸家。

諾姆

。

如何打造好名聲

我所謂的**聲譽**到底是什麼意思？我指的，是大家對你做生意方式的看法，他們對你做為一個生意人之人格評估——你做生意是否公道？你是否善待員工？你是否到處詆毀同業？或者你以尊重的口吻談論他們？這些都是形成你商譽的因素。而接下來，商譽會影響你進用人員、吸引顧客、融資、談生意，以及建立一家成功公司的能力。

我一直相信，良好的聲譽是你在事業上最珍貴的資產。妙的是，競爭者也是形成你聲譽的重要因素。我相信，他們的意見比其他團體的看法還有影響力——因為他們在業界的信用，以及潛在客戶對他們的信任。

競爭者對你和你公司的看法，是很特殊的。他們面對和你一樣的壓力，也有同樣的決策要做。如果你得到競爭者的敬重，很可能你當之無愧。如果他們認為你是個不入流的人，你可能就有麻煩了。因此，在行動上贏得他們的尊重很重要。這並非要你盡量別去積極競爭，而是說，你必須按照遊戲規則玩。

哪些規則呢？我自己有三個：

1. **絕不詆毀競爭者。**

當我在爭取一個客戶時，我一定會先問這個潛在客戶，他同時在評估哪些廠商。大多數會說出兩三家，也就是我們的主要競爭者。「這些都是好公司，」我說：「如果你找我們其中任何一家，你都會感到滿意。當然，我認為你和我的公司往來，會最滿意。」然後，我會談到我們的強項，小心翼翼地避免說一些其他公司的壞話。當然，偶爾客戶所中意的公司名單中，會包括我不敢苟同者。遇到這種情況，我就說：「喔，這家公司真的不是我們的競爭對手，但其他家經常和我們競爭，這些都是非常好的公司。我認為我們比較好，原因如下……」

2. 不要當個令人反感的失敗者。

當競爭者把你的客戶挖走，尤其是大客戶時，你會特別難受。你會氣自己無能為力。但你必須提醒自己，未來會如何發展，沒有人知道。客戶那一頭負責和你接洽的人，或許也不想換；如果他們到其他地方工作，或許會為你帶來另一個客戶。即使是你才剛流失的那個客戶，將來還是有可能回來，如果你保持冷靜的話。無論如何，如果你任由自己大發雷霆，只會傷害到自己。不管我內心有多生氣，我一定確保我們對待客戶去留的態度始終良好如一。我要他們記住，我們在整個過程中都很出色，而且我要我們的競爭者都知道這件事。

3. 永遠要通融配合。

有時候我們必須直接和競爭者接洽——例如，當客戶搬進或搬出我們的倉庫時。這是向我們的競爭者釋出訊息的機會，即使有人把我們的大客戶給挖走，我們還是盡量善待對方。我們默默接受其他公司的時程，並處理競爭者要求我們做的任何流程。當我們把客戶從競爭者的倉庫搬出來時，我們也同樣的配合通融，我會告訴我們的司機，就算他們讓我們等再久，我們都要有耐心，因為他們通常會這麼做。如果必要的話，花一整天也沒問題。我們不想引起爭端或吵架，而且我們不想在競爭者的傷口上撒鹽。

現在，我知道一定有人會問：「遵守這些規則，有什麼好處？」我承認，這通常很難說清楚，但我每隔一陣子，就會得到某種善報，證明獲得競爭者的敬重很重要。例如，多年以前，我接到一名律師的電話，他受一家匿名客戶的委託，這個客戶要他問我們，是否有興趣接手該公司的生意。

「他們怎麼會找上我的？」我問道。

「老實說，我不知道。」律師回答。

我堅持要和這位律師見面，他還是不願透露客戶的身分。不過，他說，客戶告訴他大約有二十萬箱的量。當時，我倉庫裡大概放了一百萬箱，所以二十萬是個相當吸引人的數字。我告訴律師，我們要保持聯絡。

接下來兩個月，律師和我協商可能的合約條件——我們公司一箱願意出多少錢、我們什麼時候接收客戶等等。雖然律師還是不願透露對方的身分，我可以從客戶的平均箱數和付款方式判斷出，那不是我們的主要競爭者，很有可能是一家老式的搬運兼倉儲公司。我還得知，有五個買家從一開始就接洽此事，透過協商過程，賣方已經把這群買家篩選到只剩三家，然後是兩家。最後，律師打電話告訴我說，我們被選上了，但賣方要先見我們一面。

結果，對方是一個名叫傑克的人，他的家族在曼哈頓擁有兩三家搬運兼倉儲公司。過去我們曾經挖走他一些客戶，他喜歡我們的處理和交接方式，還曾向同業——我們的競爭者——打探我們。這就是為什麼，我們能夠登上他的初選名單。我們在第二次篩選中存活下來，是因為我們比其他大型競爭者更有彈性。傑克非常保護他的客戶，許多客戶從他父親時代就一直和該公司往來。他對這筆交易加了許多的條件，我們都完全同意，而我們的大型競爭者不願修改自己的規則以適應傑克的要求，所以就被淘汰了。

最後，入圍者剩下我們和一家經常與我們競爭的公司。我們因為財務實力而贏得這回合。結果這個案子遠比我們當初所聽到的還大——不是二十萬箱，而是一百多萬箱，幾乎全都是非常小的客戶，我最喜歡的那種。傑克覺得我們的口袋比另一家公司還深，於是選擇我們。

於是，我們的業務成長了一倍，而所增加的客戶基礎，是你所能找到最好的那種客戶。財務實力很重要，彈性也很重要，但如果我們不照遊戲規則玩，贏得競爭者的敬重，我們根本就沒機會入選。有時候，好心真的是有好報。

師父的竅門

1 成功銷售的祕訣在於不要怕提出要求。你不提出要求，就不可能得到。

2 在你還沒開業、實際去做之前，你可能不會發現你公司的利基。

3 沒有任何一個利基可以永遠存在。你做一段時間之後，可能就必須去找新的利基。

4 你的聲譽是你最珍貴的事業資產，而你的競爭者在你的聲譽形成上，扮演關鍵的角色。

第 8 課

業績，是有分好壞的

雖然我完全同意「沒業績，說什麼都是假的」這句老話，但這並不等於所有的「業績」都是一樣的。

有些業績，就是比別的業績好。這個觀念，業務員通常很難理解。部分原因出在他們的業務員心態，他們已經被訓練成認為，所有的業績都是好業績，而且越大量的業績越好。

事實上，一筆業績的金額大小，其重要性遠不及你從中所賺到的毛利。造成太多低毛利率的業績，會讓你關門大吉。

同樣的，許多企業家認為，他們必須把焦點放在如何拉到大客戶。我記得有個年輕人寫了封電子郵件給我，他第一次開公司，專做廣告行銷。他說，他已經萬事俱備，錢、人脈、實務經驗、設備齊全的辦公室等都有了，只欠東風——他不確定哪種客戶才是他的目標。

「我不想接小客戶，那會很無聊，」他寫道：「但大客戶似乎又遙不可及。有沒有什麼點子？」我的建議是：別管什麼無聊不無聊了。白手創業絕不無聊，他不該避開小客戶，而該在自己能力範圍內，以及能夠賺到良好的利潤前提下，盡量地接小客戶。長期來看，一大堆的小客戶，比一兩個大客戶好太多了。

對一個堅實、穩健而賺錢之事業——尤其是服務業——來說，小客戶是它的骨幹。擁有一萬個小客戶，每個客戶每年貢獻五千美元的業績，這種生意是我的最愛，是我的理想。並不是說大客戶不好，我們大部分的人，遲早都需要大客戶才能成長。但你絕不可以看不起小客戶，或是把他們視為理所當然。你的小客戶越多，你就會越快樂。為什麼？我可以給你三個理由。

一，毛利高

首先，你可以從小客戶身上，得到較好的毛利率，因為他們願意對你的服務，付出較高的價錢。

因為他們通常沒什麼選擇。他們就是沒有大客戶的殺價力量，結果，你可以對小客戶收取高價。我說的不是敲竹槓，拿我從事的產業來說，大多數公司都有一個表定價格。這是他們對存放的客戶所收的每箱價格。一萬箱的客戶，通常付遠低於只存放五百箱的費率。我絕不讓價格低到破壞了我們的毛利率，但我必須提供一些折扣，因為我們要和其他的供應商競爭。對小客戶，我就可以堅持表定價格，這有助於強化我們的毛利率。

二，穩定性高

其次，小客戶能為公司帶來穩定。如果你善待小客戶，他們就會一直跟著你。部分是因他們很忠誠，部分是因——和我們大多數人一樣——他們傾向於抗拒改變。還有一個原因也是真的：他們不太可能像大客戶一樣被競爭者拉走，因為你的大多數競爭者，都不會找小客戶。當年我在做快遞事業時，每個人都知道到哪裡去找大客戶——律師事務所、廣告公司等等——而且每個人都去找他們。拉這種大客戶所需的時間、精力，和金錢，幾乎和拉一個每星期只寄五件快遞的傢伙一樣。而且，你需要兩百個小客戶，才能為你帶來一個大客戶的業務量。因此我們競爭者的業務員，通常都會忽略小客戶。但是，我們接到的小客戶，通常很少會離開。

三，安全性高

第三，廣泛的小客戶基礎，可以讓你的公司較不受到單一大客戶流失的傷害。這就是為什麼，當你申請貸款時，銀行會要求你提供占你營業額一〇%以上的客戶名單，及這些客戶各占你總營業額的百分比。如果你和單一客戶做了三〇%以上的生意，你就有麻煩了。對新開業的人來說，他必須對這個客戶的召喚，隨叫隨到。如果你在度假，而這個客戶要開會，你必須放下一切趕回來。如果你和這個客戶有合約，快要換約之前，你會擔心得不得了。事實上，你的事業不是控制在你手上。大客戶幾乎可以指定價格和條件，而你沒有什麼抵制的力量。這就好像你有個老闆；當初你決定要創業時，可能沒想到會這樣。

當然，你不能奢望一開始就有小客戶做基礎。很多人靠一兩個大客戶的現金流量來開公司，這種做法本身並沒錯。但你必須立即開始以小客戶，來擴充和分散你的客戶基礎，要不然，你很快就會變成大客戶的奴隸。

那，該怎樣設定目標呢？任何一家公司，最大客戶的業績占總營收還沒低於一〇％以前，我都不認為是安全的。雖然我非常喜愛我的大客戶，但我還是覺得受到他們的威脅，因此我一直致力於增加新客戶，尤其是小客戶。

這並不容易。小客戶帶給你企業穩定性，基於同樣的道理，要找到小客戶很難——代價也很高。你不能要求業務員把全部時間，都用來找小客戶。我的做法是：要求業務員，每當他們對一個大客戶做主動拜訪時，順便拜訪三、四家潛在的小客戶。如果這些客戶都在同一棟大樓，多拜訪幾家，通常只是多花一小時左右，但成果會日漸累積。

有時候，你會很幸運。我在上一課結尾所寫的併購事件就是如此。對方所擁有的，幾乎全都是小客戶。我問業主傑克，他是怎麼簽到這麼多的小客戶，而不靠大客戶的？「喔，我們以前也有大客戶，」他告訴我：「但都被你們這些人給搶走了。我們只剩這群小客戶。當然，這個基礎我們花了六十年才建立起來，所以也很重要。」

老實說，我認為傑克的客戶基礎比我的好。當我失去一個四萬箱的客戶，那真是錐心刺骨。他要失去大約兩百個客戶，才會有同樣程度的痛苦。幸好，我不用花六十年，大約二十四個月之後，我們就把他所有的客戶——約四十萬個——全都遷到我們這裡。

深入了解客戶的需求

不幸的是，大多數客戶不會輕易地落到你手上。事實上，要達成一筆高毛利的生意，非常不容易，有時，似乎是幾近不可能。

我們在一九九〇年代後期，經歷了一段我記憶所及、銷售最艱難的時期。光用低價是不夠的，因為大家的價格都很低。當然，還是有些部分定價過高而有利可圖，但大致上油水已經被榨乾了，而客戶也知道這點。他們知道，只靠買低價的東西可省不了多少錢。因此，要得到他們的業務，你必須提供一些比折扣更有價值的東西。

另外，你還必須克服客戶的忠誠度，當時，客戶的忠誠度非常高。他們會開門見山的說——當你第一次向他們兜售業務時——他們喜歡現在的供應商，不想更換。碰到這種狀況，告訴他們你的產品和服務比較好，是不夠的。

有一次，我有機會向紐約一家大型會計師事務所推銷我們的檔案倉儲服務。我一個朋友幫我安排和該事務所負責採購的合夥人見面，我知道，到這家事務所推銷一定很難，這名合夥人和他們當時的檔案倉儲公司很熟，而且直接告訴我。他說：「我必須老實告訴你，我和這些人已經做了好長一段時間的生意，我喜歡他們，」他還說，打算把我們所做的建議書拿給他們看。我猜，他們的服務大概不必比我們好，只要別差太多就行了。其實，他是利用我們來和對方講價錢。這，才是他真正想要的。

當然，我要的是簽約，要打贏這場仗，我必須向這位合夥人證明，我們可以幫他們省錢。我建議，讓我花些時間到事務所的資料室去看看，研究其檔案管理狀況。「資料管理是我的專業，」我說：「不是你們的專業，我認為我比你們懂得更多，而且我可以給你建議，如何改善你們的系統。」他心想，也對，於是要他的行政經理帶我到資料室。

我當時要找的是什麼呢？兩樣東西：內部和外部的省錢機會。我要找出這家事務所可能的節省方式，不只是靠改變內部作業，還靠刪減外部服務所發生的費用。結果，我很容易就找到這兩種機會了。這家事務所的檔案登錄管理，基本上採用人工作業。資料室的空間不夠大，沒辦法讓人員在裡面直接把檔案內容輸入電腦。因此，檔案人員把資料記在登記簿上，把箱子寄出去送存，以後再找時間輸入電腦。然而，電腦的資料已經落後了一年，主要是用來備份。

這個系統極沒效率，需要太多的人、浪費太多的時間、並造成一些錯誤，代價昂貴，甚至付出不必要的費用。舉例來說，由於房子裡放了太多的箱子，事務所時時要把一些箱子寄回去庫房，才能騰出空間放新箱子。結果，一個星期要花錢請五次託運，其實，應該一次就夠了。

我在資料室裡大概花了兩個小時，然後打電話給這位合夥人。我們召開一次追蹤會議，成員包括我公司的三個人和他們的七個人。這會議從下午五點開始，開了將近五小時。我把我所發現的每一件事，統統告訴事務所的人，並給他們許多刪減成本的建議，許多都可以馬上做。我還透過我們為其他公司服務時所建立的人脈，協助他們找到升級電腦登錄系統所需的軟體。

你知道我當時為什麼這麼做嗎？第一，我是在教育這名合夥人和他的員工，讓他們了解我的業務。我教他們如何在檔案倉儲服務上，當個聰明的消費者以節省經費。我告訴他們越多，他們所提出的問題就越多，彷彿他們從未真正了解他們花錢買了哪些服務。

第二，我讓他們看到現有供應商所**沒有**提供給他們的東西，而且我一句壞話都沒說。我前面提過，我從不對客戶詆毀我的競爭者。我相信詆毀只會讓你自己看起來不入流，你只需證明你比較好，並證明為什麼客戶用你比用競爭者更有好處。因此我小心翼翼地就我所知，點出這家會計師事務所無法從當前這家供應商得到的外部省錢機會。我們的競爭者沒有合適的技術，我們有。

第三點，也是最重要的一點，我是在建立信任。如何建立？把我們的構想和專業提供給他們。在得不到任何承諾之下就給他們建議，在得不到報酬的保證之下，就花大量的時間和精力幫事務所省錢，我其實是以案子已經接到的心態在做的。因為，這樣他就可以信賴我們，為其事務所爭取到最大的利益。我向他證明，我們不只可以為他省錢，我們還關心他要好好省錢，我們值得信賴。我給了他世上最好的更換供應商理由：心安理得。

如果你要在客戶極為忠誠的環境裡成功地競爭，你就必須這樣做。你必須證明，你比你的競爭者更值得客戶的忠誠對待。

相信我，這是個漫長、艱難、而昂貴的過程，而且你最後未必會拉到業績。幸好，這個案子我們最後拿到了，但也花了我們八個月。在這段期間，我們繼續提供建議，並花無數個小時討論合約條款。同時，這家事務所還和我們的競爭者討價還價。最後，我們的耐心得到回報，終於得到這個客戶，讓我大大的鬆了一口氣。

。請教師父

業績起起伏伏，怎麼辦？

師父，您好：

我有一家成立三年的公司，專門辦求才博覽會。我們的業務起伏不定，在春季會有三、四個月不錯，然後秋季再好個兩、三個月。中間一點業務都沒有，我們的現金掉到零。在此同時，我們必須付錢給員工。我們試過提供淡季折扣來吸引客戶，但沒用，現金短缺的問題很嚴重，把旺月所賺的都吃光了。這個問題重挫我的事業，也讓我的情緒非常不穩。

肯特

親愛的肯特：

首先，淡季折扣通常行不通，而且還可能破壞旺季的獲利能力。你應該想辦法多元化，你在淡月是否可以辦其他類型的展覽、或是提供顧問？你必須有創意，但多元化通常是解決季節性波動的最好方法。同時，要直接處理現金流量的問題。你能否去談談，在你銀行存款較多時付租金？你能不能在資金很緊時加快收款？還可以試著向你的員工解釋這個問題，看看他們有什麼建議。他們也許會提出一些你從未想到的構想。

諾姆

傾聽，可以幫你賺大錢

很奇怪，增加營業額的最好方法，也是最明顯的方法——雖然你會覺得很吃驚，用這種方法的人竟然如此之少——就是：傾聽客戶的聲音。靠傾聽，就能得到真正的競爭優勢。

我給你一個例子。有一天，我帶著來自紐約一家大型律師事務所的兩個人，參觀我的檔案倉儲設備，希望他們把業務交給我們做。我們還沒走多久，其中一位，是行政主管，就說道：「對了，我們希望所有的箱子按照順序擺，如果你把一個拿出來，我們要放回同一個位置。」

這部分，正常而言，我們不會按照特定順序來擺箱子。不論箱子存放在哪裡，我們的條碼系統都可以讓我們立刻找到。但我總是試著讓客戶得到他們想要的，而這個潛在客戶剛剛就告訴我她要什麼。我說：「好，沒問題。」

她看看另一位，然後又看著我：「你不跟我說我瘋了嗎？」她問道。

「你沒有問我的意見，」我說：「你告訴我你要什麼，我相信你一定有你的理由。」

她開始笑了。「好吧，我們每到一個地方，他們就試著要說服我們。你是第一個說『是』的人。」

我們得到了這個客戶。

說這個故事，我的意思不是說，光靠聽客戶的話就能拉到生意。相反的，這是整個銷售過程中最困難的部分。各種怪問題都會造成阻礙：第一，通常你會相信，你知道怎樣做對客戶最好，有時候，你的想法甚至很正確。例如，我非常能了解，為什麼我的競爭者試著要勸這家律師事務所不要按順序擺放。從倉儲公司的角度看，那是沒效率的作法。這種擺放方式，除了麻煩之外，一點好處都沒有，最後客戶必須付較高的價錢。其他的公司可能認為，他們是提供這家律師事務所更好的選擇。問題是：那不是客戶要的。

而且，當你在銷售時，你應該把所有焦點，都放在了解客戶的需求，然後，可能的話，滿足他們的需求。畢竟，你並不真正了解什麼才對他們最好。你怎麼可能了解？任何一個狀況，都有許多你完全不了解的因素。我並不反對協助客戶找到比較適合他們的方式，但你必須很小心。你很容易把自己的需求和他們的需求搞混了，特別是當你試著要賣東西時。

驕傲，也會成為傾聽客戶的障礙。身為一個業務員，你自然想要強調貴公司最好的東西，為什麼不該強調呢？你以此為傲，而且名正言順。你要大家知道你所提供的特別服務、或是熱門的新產品、或是最先進的電腦系統，這套系統花了你六位數字的投資。結果呢？你過度推銷。你沒有聽到客戶說，電腦系統對他們不重要。你認為那套電腦對他們**應該**很重要，如果他們多了解一些，就會覺得這套電腦很重要，於是你不斷兜售其好處，而沒有注意到他們眼神呆滯。

當然，還有自負。我讓潛在客戶參觀我們的設備，有些人會看了一下我倉庫裡的所有箱子說：「哇，你會不會擔心這個地方失火？」事實上，我並不擔心，我也許會回說：「不會的，我們有很好的保護，那不是問題。」但那是自負說法，當客戶問這個問題時，那是因為**她**擔心失火。她為什麼擔心，不關我們的事，重點是，我必須尊重她的憂慮，而不是我自己的憂慮。所以，我的回答是：「是的，當然，我已經想過火災的危險，讓我帶你看看我們為此做了哪些措施。」有些人或許會說我虛偽，我倒認為我是不自私。我把自負擺一邊，並回應客戶所關心的事。

而這，就是我身為一名業務員的目標。成交與否，我不擔心，我關心的是客戶是否覺得他們被聽到、被了解、同時也得到回應。我要他們離開時，帶著溫馨的感覺。如果你做到了，業務自然隨之而來。

如果你不注意聽、不關掉你所有的成見和偏見、你的話題和意見，並傾聽客戶真正想要說的話，就沒辦法讓客戶有溫馨的感覺。

要做到這樣，並非出於天性，而是需要紀律和練習。你必須發展去除分心的步驟，我自己在帶客戶參觀現場之前，會安靜地坐個幾分鐘，盡量讓自己的思慮一片空白。我一遍又一遍地重複：「不要有成見，不要有成見。」我掃掉所有讓我不能傾聽或觀察客戶的想法，是的，我會談到我們的產品，強調我認為重要的功能和好處，但我不會強力灌輸他們任何東西。我會去找出他們所想要的，我會去尋找各種線索，包括言語上和非言語上的線索。我會注意聽他們說了什麼，以及沒說什麼，然後根據這些來回應。

這很有效。我看、我聽，而且我會發現到意外的東西。有時候，我必須對我有強烈意見的議題表示看法，我會提醒我自己：「不要選邊站，不要選邊站。」的確要花一番功夫，才能不分心。

話說回來，當你仔細聽他們說了些什麼之後，銷售部分就變得非常容易。你只要回過頭來，把他們想聽的話，告訴他們就行了。不是要你誤導他們，你提供的資訊都必須真實而正確，但你可以強調他們最感興趣的部分。你不必創造銷售話題，你的客戶會告訴你該說些什麼。

。請教師父

怎樣有技巧地糾纏客戶？

師父，您好：

我是個剛出道的領帶設計師。我聯絡附近一家男飾連鎖店，說服其採購人員來我這裡看看。我寄給他領帶樣品、布料樣本、照片和各種東西。兩個月前，他向我保證說，會下單給我。之後，我多次打電話給他，他總是說，等一下就會把訂單傳真給我，但他到現在都沒傳給我。我漸漸有不同的想法，或許我是在和一個說話不算話的人打交道。我該一直纏著這個人嗎？

潘

。

親愛的潘：

我會半開玩笑地說，寄給他的領帶要收錢。說一些類似這樣的話：「我相信你很喜歡我的領帶，或許你現在身上打的，正是我的領帶，但我是個小生意人，我的服務必須收錢。如果你對這些領帶不滿意，任何理由都行，你可以把它們退回來給我。要不然，請寄一張支票給我。」

諾姆

。

千萬要避開「產能陷阱」

我希望你了解，我**不是**建議你，不管客戶要求什麼，你都得給他們。有時候，他們會要求你無法、或不應該提供的東西，例如，遠低於合理利潤的價格。

大多數的生意人都很聰明，知道這種折扣不能做太多，要不然就會有嚴重的後果。然而，有一種打折形式，連有經驗的生意人也會淪為受害者。我就見過這種事毀了整個產業，讓深具規模的公司垮台，更不用提數不盡的新公司了。

我說的，就是以打折出售閒置產能，以免產能浪費的做法。

所謂的閒置產能，可能是一間空庫房、或是只有偶爾使用的機器，或甚至是一名顧問的閒置時間。當有機會把這些產能以折價方式出售時，大多數人都很難拒絕。他們只想到這些錢不賺白不賺，忽略了把服務以遠低於價值的價格出售所產生的問題。

我稱之為「產能陷阱」。為什麼說是陷阱？因為，乍看之下，你好像做了一個不錯的業務決策。其實，你是把你自己推向破產之路。

我們來看一個經典案例：有一個人租了一輛卡車，僱幾名工人，開了一家貨運行。他收取標準費率——譬如說，一小時四十五美元——並且努力地做到一週出勤三天。然後他就碰到了瓶頸，找不到其他人願意出這個價錢，買他的服務。最後來了一個客人，提出以每小時二十五美元的價格，包下其餘兩天。這個人想：「為什麼不接受呢？反正我必須付卡車的租金。做這筆生意，我多少可以拿到一些錢，總好過讓卡車閒在那裡。」他接受了這個條件，每星期因此增加四百美元的營業額。他很滿意自己充分運用卡車。

不容許任何產能的浪費。這哪裡有錯呢？

錯誤可大了。以一個新開業的人來說，毫無疑問，他所賺的錢遠比他所想像的少。那是因為他把焦點放在一個因素上：產能——租那輛卡車的成本。同時，他忽略了所有使用產能所發生的其他成本——油料、耗材，和人工成本。也許，他讓卡車在其餘兩天閒置會比較好，但他並不了解這點，因為他只看營業額，不看利潤。這是個常見的錯誤，尤其是初次創業的人更常見。不幸的是，有時候，這是個致命的錯誤。

我們姑且假設這個人已經把營運成本考慮進去，知道用這個價格賣仍然有利潤。但儘管如此，以低價將卡車租出去，仍然是個糟糕的做法。

理由有四個：

第一，資本成本。每當你做一筆買賣時，就相當於貸款給客戶，至少在他們付錢之前如此。這就好像以授信方式去做投資，你必須確保你的投資有很好的報酬——你用你的資本去產生足以讓你經營下去的利潤。對任何企業而言，把資本浪費在低毛利率的銷售上，都是個錯誤。對新公司來說，更可能是自殺；新公司就定義而言，資本有限，而如果資本花完了，就永遠無法脫離草創階段。

第二，機會成本。當你用低毛利率的業務把產能填滿之時，你就沒有為高毛利率的業務預留空間。這個貨運業者如果找到另一個願意接受不打折價格的客人，該怎麼辦？或者說，他還會想去找另一個接受不打折價格的客人嗎？

同時，砍自己的價格，就等於為他的市場，引入一個新的競爭者：他自己。這是不要做低毛利率業務的第三個理由，而且是根據一個做生意的一般法則——亦即，價格永遠往低處走。當你對完全相同的服務收取兩種不同的價格時，你是在自己打自己，而且要不了多久，低價的一方就會打贏。客戶不是傻瓜，他們遲早會發現你願意用更低的價格賣。一旦他們發現之後，你要讓他們任何一個人出高價，是非常困難的一件事。

而且，到那時候，你或許已經失去現在出全額價格的客戶——這是反對降價填產能的第四個、也是最重要的一個理由。有些客戶，你必須靠他們才能成功，甚至於必須靠他們才能生存，而降價填產能的做法，正好讓你和這些客戶產生疏離。當他們發現，同樣的服務你對其他人收取較低的價錢時，他們會很憤怒。他們會認為，你一直在敲他們的竹槓。從此之後，你就別再奢望能留住這些客戶了。

此外，你還要小心「競標」。我記得有一個大城市的案子，要大家去標。我非常想要拿到這個案子，但我輸給一家檔案倉儲的新公司，他們提供每箱的月租費為十三美分，比我的價格低了四〇%。我只是笑笑。用這種價格，我才不要這筆生意呢。老實說，我看不出會有任何人願意用這種價格做。幾星期之後，得標的傢伙——我們姑且稱他為傑瑞——跑來找我。他公司的大股東是我的朋友，要我指點一下這個孩子。我很快就了解，傑瑞完全搞不清楚那個標案的狀況。「我很訝異，你們竟然沒有出更低的價格。」他說。

「我絕不會出你那個價格，」我說：「一箱十三美分，根本就沒辦法做，這案子你賠定了。」

「胡說。」他說道。

「喔，你不信？」我回道：「我來教你兩招吧。」

我們坐下來，我拿出紙和筆。我問傑瑞，他的倉庫有多高，然後計算從地板到天花板能夠擺幾箱。由於我們知道這個案子一共有多少箱，也知道箱子的大小，我們可以求出這些箱子一共要占掉多少樓地板面積。我們也知道，這些箱子一個月可以有多少的收入，把收入除以樓地板面積，我們就得出傑瑞儲放這些箱子，每個月每平方英尺可以收到六・六美元的租金。「你可以把這個空間，租給另一個願意出每平方英尺八到九美元的人，而且他還要付稅捐、暖氣和燈光的錢。而這個案子，你不但租金收得比較少，而且所有費用還要由你自己吸收。」

「我的天啊！」傑瑞說道：「我從來沒有這麼想過。」

寫到這裡，我知道有些人會說，傑瑞的做法沒錯。畢竟，他的倉庫當時是空著的，他已經付了稅捐、暖氣、燈光，及其他各項費用。這個市府合約雖然每箱只有十三美分，還是可以幫他分擔一些費用。所以，為什麼他不該盡量爭取這個案子呢？有拿總比沒拿好，對吧？

答案是：錯。我的意思是，傑瑞只要當個房東，收入就會比開這家檔案倉儲公司好，他千辛萬苦地開了這家公司，到底是為什麼？事實上，如果你發現，只要把資本做不同的運用，就能賺到更多的錢，那應該就是你的生意有問題了。除非你有一個清楚的計畫，要在特定的一段期間裡改善獲利能力，否則，一定有某些地方你做得不對。

當然，每個規則都有例外，而這條規則也不例外。我必須承認，折價出售產能，只要符合兩個條件，有時也是正確做法：第一，你和客戶一開始就必須對打折期間有多長，以及打折期間過了之後要怎麼處理有個共識。第二，其他客戶對此交易提出質疑時，你必須能夠合理解釋。要讓他們覺得你很公道。

例如有一次，我用剩餘產能的一部分，去搶我最大競爭對手的一個二十萬箱的客戶。這家客戶發現，由於一連串的價格自動調漲，他們所付的費率，高出市場行情甚多，於是開始尋找新的商家。我們提出一個十年合約，頭兩年有非常大的折扣。我們可以提出這樣的條件，因為我們的一間倉庫暫時有許多的空間。到了合約的第三年——當客戶開始付正常費率時——我們就蓋好一棟新倉庫。然後我們把建築融資轉成抵押貸款，而每個月從這個客戶所多出來的營業收入，正好可以拿來付貸款。

於是，客戶事先就完全明白這份合約。如果其他客戶問我這個案子，我可以指出，我們對每個客戶一開始也都有打折。我甚至於也可以把同樣的條件開給他們——如果他們願意簽一個二十萬箱為期十年的新合約。

然而，這種狀況並不多。一般而言，把剩餘產能打折出售是個差勁的想法，這並不是說，你永遠都不能對客戶做一些折讓，只不過，你必須有個產能過剩以外的理由。例如，「數量大」就是大家都能了解的理由。或者，你對答應某些特殊條件的客戶提供折扣。更好的做法是維持價格不變，但提供更多、更具附加價值的服務。你所提供的服務，每個客戶都不一樣，視其需求而定。雖然提供這些服務，你要花一些成本，但至少這些錢是花在有意義的地方。你得到一個不用打折的客戶。你沒有在不知不覺中破壞自己的正常價格，而且你沒有做出讓現有客戶想要另覓廠商的事。最壞的狀況，是很多客戶也都要這種服務。這是好事，不是壞事。如果你因為提供這種具附加價值的服務而出名，客戶就會開始自己找上門來，而且你可能會發現，你可以針對此服務，收取更高的費率。

當然，你可能不會那麼幸運。你也許只能坐在那裡，看著空蕩蕩的閒置卡車，然後來了一個客人，他對附加價值服務、批發折價，或任何的方式都不感興趣。他只要用二十五美元的價格，而不是四十五美元，來租車子。碰到這種情形，你要回到做生意的第一課：你無法和每個人做生意。世上就是有一些人，花錢要你提供超值的東西，而且不管怎麼談判，都不能改變他們的心意。應付他們，你只要用一個字就行了，你必須學會這件事，但當客戶站在你面前，業務唾手可得之時，你很難做得到。這個字就是：不。

師父的竅門

1 有一大堆小散客戶的基礎，比少數幾個大客戶好。

2 要拉一個新客戶進來簽約，展示證明比空口白話更有效。讓他們去體驗你所要提供的東西。

3 傾聽是一種失傳的藝術。只要仔細聽你的客戶和潛在客戶說些什麼，你就能得到競爭優勢。

4 為了填補閒置產能而降價，幾乎都是差勁的想法。你只是破壞了你事業裡更有賺頭的部分。

第9課

抓牢客戶，千萬別放手

有一條做生意的基本法則，很容易被人忘記，尤其是當你在和其他的公司競爭同一個客戶時。勝利，不只是要簽到合約，而是簽到合約之後，打下良好的關係基礎，讓你可以長長久久地保有這個客戶，這才是成功。

這時該看的指標，就是「客戶留住率」（customer retention）。如果你經常要找新客戶來取代流失的客戶，企業要成長，就更加困難。以下兩種情況，一種是「一年做五十筆生意，客戶留住率為百分之百」，另一種是「一年做一百筆生意，而客戶留住率為五〇％」，你喜歡哪一種？

我一定會選前者。沒錯，如果選後者，你第一年的業務會比較多，而且第一年結束時的客戶數，和前者一樣多，但是，如果你每開發兩個客戶，就會流失一個，你就要花比前者多兩倍的時間、精力和金錢，去爭取新的客戶。

我在我的快遞事業——理想快遞——就經歷過這個

問題。我們每年固定要流失二五%的客戶，主要是因為這個產業競爭激烈，沒有進入障礙，只要客戶發現可以省個幾塊錢，幾乎沒有任何力量可以阻止他們更換供應商。我每天早上醒來會問自己：「今天我會失去哪一個客戶？」大家會為了幾塊錢，而更換供應商。有時候，我們的客戶會被別的競爭者搶走，按照他們所開出來的價格，我們知道，他們撐不過六個月。客戶會說：「等他們倒閉之後，我們就會再回來。」

儘管如此，我們還是努力地做到連續三年登上五百強企業。部分原因在於我們發展出一套機制，把客戶和我們的服務綁在一起，例如提供他們可以向每個客戶扣款金額的傳票。因為我們是當時少數擁有電腦的快遞公司，只有我們有能力做出這種傳票。然而，即便有配合如此密切的設備，我們每年還是要多找到四分之一的新客戶，才算沒有退步，更別提登上五百強了。

那麼，你如何確定你把你大部分的客戶，都抓得緊緊的？如果你的產業有很高的進入障礙，而且更換供應商非常麻煩，那就會比較容易，就像我的檔案倉儲公司。但儘管如此，你還是得建立牢固的關係。

沒有客戶會喜歡更換供應商，那是很痛苦的過程，要花時間和金錢，而這些時間和金錢大可以拿去做別的事。負責向你採購商品的人，必須說服公司其他人，讓他們接受更換供應商。他們必須和許多的新供應商接洽，必須談新合約。他們幹嘛自找麻煩呢？通常，是因為他們對現有的供應商非常不滿。

也就是說，客戶並不是以同樣的方式，對待所有的供應商的。每個人都會犯錯，但不是每個人一犯錯，就要失去客戶。在某些狀況下，他們會說：「這家公司還不錯啦，再給他們一次機會。」而在另一種狀況之下，他們會說：「這些人就是不能把事情辦好，我們找個能把事情辦好的人來做吧。」為什麼有此差別？幾乎總是和供應商與該客戶所培養的關係有關。

這種關係，不是從簽約之後才開始的，而是從第一次接洽時就開始了。你必須事先找出該怎麼做，才能在成交之後，繼續讓客戶保持滿意。例如，我就要知道客戶的付款天數是多久。如果你不問這個問題，可能就會惹上麻煩。你或許會假設客戶三十天付款，一如你的收款政策。客戶的會計人員可能假設，他們可以九十天付款，因為他們對其他的供應商也是如此。當你在四十五天之後想到此事，發現還要再四十五天才能拿到錢，你很不高興。你對客戶的員工施壓，接著他們也很不高興，從此雙方關係便江河日下。

這到底是誰的錯？我認為是你的錯，沒有事先問清楚客戶的付款政策。如果你事先知道，你就可以把持貨成本內含到價格裡，並接受他們的付款方式；或是乾脆決定不接這筆生意。不管你做何選擇，都不會讓這輕易就能避掉的誤會，造成雙方的不愉快。

但你除了學會要事先知道哪些事情，以免一時疏忽傷害了未來關係之外，還有一件事也很重要：利用銷售前的那一段期間，建立信任關係，這種信任，可以讓你長期掌握住客戶。這表示你必須特地為客戶證明，你願意在成交之後，為確保客戶滿意度，只要是該做的事，你都會去做。

例如有一次，我們和同業正在爭取一家中型律師事務所的業務，而且按照慣例邀請對方來我們這裡參觀，請他們看看我們的倉庫、和我們的人見面，並評估我們的能力。在帶著他們做了一次標準的現場參觀後，我們告訴對方，希望去拜訪他們在曼哈頓的辦公室。對方很驚訝，其他人從沒提過這個要求。「為什麼？」他問道。

「首先，」我說：「我要看看上下電梯要花多久的時間，看看那棟建築長什麼樣子。還有，我要看看你們的作業方式。也許，我們可以給你們一些建議。」

「如果我們沒選你們怎麼辦？」他問。

「那就當成和幾個好朋友相處一天吧。」我說。

結果，我們是所有競爭者中，唯一願意花時間去拜訪這家律師事務所的。當競標開始時，大多數的檔案倉儲公司很快就被刷掉。最後三家入圍者中，我們是最貴的一家。對方打電話給我們的業務說：「我們選上你們，但你們有一些條件我們無法接受。如果你們願意調整，這個案子就給你們做。」

「你們為什麼要選我們？」我們的業務問道。

「其他人都沒到我們這裡來看，」對方說：「其他人都沒問到你們所問的問題。你們是唯一了解我們運作方式的公司。」

雖然必須做些退讓，但我們得到了這個案子。之所以有機會拿到這個案子，理由只有一個：我們建立了關係。

◎請教師父

小公司，怎樣建立品牌？

師父，您好：

我是一家小手提袋公司的負責人，公司面臨非常龐大的競爭壓力。我的生意原本做得很好，直到大約一年前，業績開始滑落。我曾經得到頂級時尚刊物的編輯推薦，而且在全國最好的百貨門市上架，銷售業績不錯。去年，我決定把銷售拿回來自己做，因為我認為我就是自己產品的最佳業務員。我的主要目標，是建立穩健的品牌。我要如何更上層樓呢？

南茜

親愛的南茜：

建立品牌，並不是靠自己去銷售。你必須發展某種神祕感，因為這個人的名字要印在產品上。如果你把時間花在篩選客源、打推銷電話、和吃閉門羹上，你就無法做這件事。要建立品牌、提升營業額，或是讓公司成長，你必須把許多不同的任務託付給其他人。我承認，這很難，特別是當你認為自己能做得比其他人都好時。我是自己快遞公司的第一個快遞員，我一向認為我是最棒的快遞員。但如果我現在還在做快遞，我今天的公司就會小很多。

諾姆

幫客戶節省成本是建立忠誠度的好方法

一旦成交了一筆生意之後，你當然不能不維護客戶關係。消費者關係就和其他關係一樣，如果不經常照顧，就會停滯不前甚至倒退。

維護關係的方法很多，其中一種，就是教你的客戶了解你的行業。他們要砍成本，你就要告訴他們哪裡可以省錢。畢竟，你對自己所做的這一行，比他們更了解。你知道他們在什麼地方賠錢，或浪費錢。你知道他們如何在營運上做點小改變，就可以節省成本。簡單說，你可以協助他們，成為精明的採購人員和消費者。

例如，在檔案倉儲產業裡，你最先發現的一件事，就是大多數人會採取永久保存資料的方式。客戶把箱子交給公司之後就忘了這回事。通常，過了一定年限之後，資料就沒有保存的理由，但就是沒人去檢查哪些資料可以銷毀，就這樣，倉儲費不斷累積。

我們看到了幫助客戶的機會，開發一套系統，在收到客戶箱子時，可以在電腦輸入銷毀日。當銷毀日到了，我們會通知客戶，由他們告訴我們是逕行銷毀或是繼續留存。在這個過程中，我們幫一些客戶，省下了高達四〇％的倉儲成本。

要知道，我們最後的下場是箱子更少了。於是我們的業績也會稍稍低於應有水準，但告訴客戶如何省錢，的確讓我們得到回報。他們的回報是，原本只要別家的價格稍微便宜一些，他們便被挖走，如今他們留下來了。長期來看，對公司而言，忠誠度的價值，遠超過新箱數的價值。

另一個建立關係的方式是：對待老客戶，要像接洽新的潛在客戶一樣。這個挑戰比你所想的還大。客戶進來一陣子之後，我們常會傾向於以不同的方式對待他們。這是很自然的，當你試著要爭取他們的業務時，你願意為他們做任何事，但一旦你把這個客戶拉進來之後，你的態度就開始轉變。到你要再和他們談合約時，你已經發展出一套全新的期望，你不再把焦點放在做成這筆業務上，你想的是如何在這個案子上賺更多錢。這樣最容易把生意搞砸，競爭者和你以前一樣，虎視眈眈地盯著這個客戶，而此時你卻門戶大開，毫無警覺。

因此，我盡一切可能，確保我們對待現有客戶的方式，一如當初我們帶他們走進大門時一樣。這是我在成交時所做的承諾，也是我想要灌輸給員工的思考方式。我要公司每一個人不斷地問自己：我們要如何提升服務水準？要怎麼做，才能讓客戶的生活更方便？

例如，我們曾經開發一套新的電腦化服務，讓客戶用電話撥接的方式上線，查閱他們的帳戶明細、送存資料明細，和箱子狀態等。如果由我們幫他們查，要花比較久的時間，而且每筆收一．五美元。我寧可我們的人都不要做查詢。我們有許多更有效的方式來利用我們的資源。透過線上系統的使用，客戶省下他們的時間、金錢和憤怒，並且還幫我們降低成本，讓我們更容易維持我們的價格。

。請教師父

底下的人叛逃，我該怎麼辦？

師父，您好：

最近我有一個業務員離職去開一家公司和我競爭。我後來才發現，他還在我這裡工作時，就偷偷地進行他的新事業。我該怎麼辦？

。

薇妮

親愛的薇妮：

你應該什麼事都不要做。繼續發展你的公司，忘了這個傢伙。別讓這起事件害你分心，把焦點放在對公司真正重要的事情上。許多人浪費許多的時間和精力，去擔心變成競爭對手的離職員工。當員工離開成為競爭者之時，我會祝福他們，並送盆植物給他們。我送的是仙人掌。對你來說，這傢伙應該成為歷史。如果他是個道德有問題的人，最後會得到報應的。

諾姆

多與客戶接觸，掌握即時市場脈動

總之，有一件事很重要：要記住你在建立和維護客戶關係上的關鍵角色。不幸的是，你的公司越成功、越壯大，你就越難扮演這個角色。你和客戶互動的機會越來越少，你就是沒辦法像早年一樣，花許多時間陪客戶，總是有更緊迫的事要處理——解決問題、融資安排、徵人、簽約等等。你越來越依靠員工去處理客戶的日常關係，此時，你自己也就離客戶越來越遠。即使是最有前景的年輕公司，也會被這個過程所傷，除非有人意識到這個問題，努力不讓這種情況發生。

有一次我從紐約搭飛機到加州，一如往常，我搭捷藍（JetBlue），和所有旅客一起登機，然後機門關上。當我們綁好安全帶、打開座位前的電視時，有一名略帶白髮的中年男子站在機艙前面。

他穿著一般捷藍空服員所穿的長工作圍裙，上面還繡著他的名字。「嗨！」他說：「我叫戴夫・尼勒曼（Dave Neeleman），是捷藍航空的執行長。今晚由我在此為您服務，希望在飛機降落之前，我可以和每個人聊聊。」

沒錯，飛機一達到巡航高度，他就和其他的空服員來到走道上，提著好幾籃捷藍航空提供給旅客的小點心。當然，如果坐在最後頭的乘客要等尼勒曼來服務，恐怕會餓壞了。尼勒曼從第一排開始，慢慢地走完全機，只要有人想要和他聊兩句，他就會停下來，回答每個問題。我坐在第十一排，他花了一個多小時才走到我這裡。「你的航空公司真棒，」我說：「這些服務——像這台電視——你都是從哪裡學來的點子？」

「我大部分的點子，都來自像今天這樣的飛行，」尼勒曼說道：「客人會告訴我，他們想要什麼。」尼勒曼和我們這排聊了大約二十分鐘之後，往下一排走去，而我繼續看電視，空服員繼續服務。當她們走到我這排時，我問她們，以前是否曾經和她們的執行長一起飛行。「喔，當然有，」其中一位回答：「我們常常碰到他呢。」

「那麼，你覺得他如何？」我問道。

「他人很好，」她說：「就是你看到的那樣。」

我坐在那裡，不禁回想尼勒曼的生意頭腦，更別提他對公司的奉獻。畢竟，他沒必要花五個半小時去做客服工作啊。我相信，他在登機之前已經工作了一整天。我也相信，他可以把這個時間用在其他更有生產力的地方。

但是，看看他從與客戶交談中，有些什麼收穫。首先，是那些很棒的點子。他對一位和我隔著走道的乘客說，捷藍不久就會在機場候機室裡，裝上客戶所建議的設備——Wi-Fi無線網路，而且該公司正在研究如何提供另一項服務——飛機上的高速網際網路連結。

第二，透過時時和客戶接觸，他具有即時的市場感覺。他第一手知道市場的狀況，而且可以比競爭者更早看出趨勢。這是和客戶接觸的最大好處，市場會變，科技會變，客戶的要求和需求會變。如果你親自為市場把脈，你就會在競爭中領先一步；不這麼做，你就有遭到奇襲的風險。

同時，尼勒曼還塑造了企業文化。員工看到他為客人服務，於是員工也會跟著這麼做。他們聽到他談論引進新服務的計畫之後，也會跟著宣傳。此外，他們知道尼勒曼不是坐在辦公桌後頭，計算自己的股票選擇權。他是加班在工作，而且是和他們一起做。他們可以放心，他對前線的狀況瞭若指掌，因為他就在前線。他是他們團隊中的一員，而且名副其實。而成果如何？到處充滿著超高水準的信賴、尊敬和商譽。

身為生意人，這次經驗對我帶來一個很有意思的影響。我長期相信尼勒曼所示範的這種領導和服務，但我並不以此來要求我的供應商，我傾向於為他們找藉口。和尼勒曼一起飛行之後，那些藉口似乎相當薄弱。我親身體驗到，只買了一百五十四美元的機票，就得到航空公司的執行長親自為我所做的頂級服務。而我付給那些供應商好幾萬美元的銀子，難道我不該做同樣的要求嗎？最後，我換掉了我們的保險經紀人、會計師事務所和銀行。當時他們並不了解原因，我建議他們去搭一次捷藍航空。

師父的竅門

1 客戶留住率是成長的關鍵，要和客戶建立牢固的關係才能留住他們。

2 有一個方法可以和客戶建立關係，那就是教他們學會你的事業，協助他們成為更精明的買家。

3 要把老客戶當成新接洽的潛在客戶對待。否則，很容易開始視他們為理所當然。

4 除非你把面對客戶的時間建入你的行程當中，否則，隨著公司成長，你會漸漸失去和客戶接觸的機會。

第10課

養成漲價習慣

我喜歡玩一個小遊戲。我會記錄六個月內我所聽到、或體驗到的不良客服事件次數，並把這個數字，當成一般客服水準的參考指標。

多年來，這個數字上上下下，但不論這個數字是多少，竟然有這麼多服務業者，似乎認為客戶之存在，只是為了供養他們的舒適生活，我總是對此大感震驚。

就以我上次做牙套時所找的牙醫師為例。他的辦公室位於曼哈頓的公園大道上，是我所見過最富麗堂皇的診所，廁所全是光亮的黑大理石和金屬配件。第一次去時，他們給我專屬的「個人衛生空間」，那是個有鑰匙的小置物櫃，可以用來放我的特殊牙刷。醫師為我做徹底檢查，並從每一個想像得到的角度，為我的口腔照X光。然後他要我幾個禮拜之後回診，聽聽看他打算怎麼進行治療。

他打算做一場精緻的解說。當我坐進他的辦公室，他非常詳盡地向我說明，他預計要做什麼、為什麼，以及如何做。我打斷他。「好，」我說：「我相信你。這樣做下來要花多少錢？」

「總共嗎？」他說：「大約四萬五千美元。」

我嚇一大跳。「喔，醫生，」我說：「有人給我本市四個最佳牙醫的名單，你是榜首，但這個價格實在是讓人不敢相信。」

「你可不可以讓我看看這個名單呢？」他問道。我拿給他看，他看了之後莞爾一笑。「這個是我的學生，」他說：「那個以前是我的手下。他是我一手訓練出來的。」

「他行不行？」我問。

「行，非常行。但他在長島的洛克維爾中心，」他說道：「你到那邊做也許會便宜一些，但卻不會有這樣的設備。」他指著他的辦公室。

我起身離座說：「非常感謝你，醫生。」

「你要去哪裡？」他問。

「我要到長島那間去看看他的收費是多少，」我說道：「但有一件事我一定要說，你的推銷方式實在是太差了，竟然要我負擔你這公園大道的高檔辦公室。」我走出去之後，便和洛克維爾中心的牙醫預約，他的收費是公園大道的一半。我說我是公園大道那位醫師推薦過來的，他不相信。我把整個故事告訴他。他大笑，問我公園大道收多少錢。「我會告訴你的，」我說：「但必須等治療完成之後。」

「為什麼?」他問。

「喔,」我說:「你聽了之後可能會漲價,我現在可不希望你漲價。」他笑個不停,但他沒有否認。

◎請教師父

怎樣上網賣,又不得罪經銷商?

師父,您好:

我們是一家營業額四千萬美元的製造商,我們的產品透過兩百五十家分布在北美和歐洲的獨立經銷商銷售。我們要如何在不得罪經銷商的情況下,用網路賣商品給終端客戶?

克里斯

◎

親愛的克里斯:

只要你的售價和經銷商一樣,而且銷售到他們區域裡的業績,也算佣金給他們，我想，他們應該不會生氣才對。事實上，他們很可能還會鼓勵你。如果你打算用比較便宜的價錢賣你的產品，狀況就會比較複雜。你必須得到經銷商的同意才能這麼做，而且你可能還要同意在其所轄區域內所銷售的商品，也必須支付他們正常的佣金。不管怎麼說，關鍵在於溝通。若是我，我會從寄問卷給經銷商開始。告訴他們，你要給他們一個機會，讓他們從網際網路上的業務賺到很多的錢。說明系統的運作方式，並問問他們的意見。只要你好好溝通，應該沒問題。如果你不好好溝通，不管你怎麼做，都會有一堆的麻煩。

諾姆

定期漲價，才能維持競爭力

當然，價格在客戶關係上，一直扮演著重要角色，而且，再也沒有比突然來個大漲價，更容易流失客戶。沒人希望看到這種結果，但是，如果你在一段很長的期間內不慢慢漲價，可能有一天你會突然覺醒，發現自己別無選擇。

我太太伊蓮就碰到一個好例子。多年來，她一直都是到我家附近的一間髮廊做頭髮。開始時，她之所以會去那家髮廊，部分原因是地點方便，部分是因為她已經厭倦附近一些花俏的店。價格並不是重要因素，不過，同樣的服務，髮廊老闆朱蒂的收費比其他髮廊低很多，也是挺不錯的。伊蓮貪其便宜，一個星期去做兩次頭髮，而不是一次。

然後有一天，朱蒂突然宣布全面大漲價，而且即刻生效。基本剪髮調漲二五%，吹頭髮也是；染髮更大漲八五%。這次漲價，對客戶是一大震撼。有些人氣得說要改去別家，連伊蓮都很生氣。她問朱蒂為什麼要這樣做？為什麼漲這麼多？為什麼要一口氣全部都漲？

「我也是沒辦法啊，」朱蒂說：「我們已經有十年沒漲價了。我每年替員工調薪，根本就沒賺錢。現在，我已經到了不一次漲足，就撐不下去的田地。我沒有能力付自己的帳單，這個髮廊活不下去了。」

我很同情她。漲價一向都不是容易的事。至於大漲價，更是在製造危機。漲價根本就不可能不引起客戶反彈，從而造成你最重要的關係受到威脅。面對阻力，很多生意人傾向於乾脆統統不漲價，或至少能拖多久不漲價就拖多久。然而，如果你這麼做，你就犯了大錯。當然，你起碼會有一段時間不致感到痛苦。如果你的業務還在成長，你可能每年都能夠賺到同樣多的錢。結果，從短期來看，你以為你做得不錯，卻可能沒看到自己所冒的長期風險。

首先，你的毛利率日益縮小——因為你的成本不斷上升。總是有一些成本會上升的，這就是我所謂的「蔓生費用」（creeping expenses）。某些類別的費用自有其生命，如果你不緊緊地盯著，這些費用就會自行增加。就算你特別留意，這些費用仍然有可能增加。舉例來說，大部分的小型企業，其薪資費用肯定會逐年增加。你可以預期，保險費也會定期增加，而且，我說的還只是健保的部分。雜項設備和用品的成本，也有隨著時間上升的趨勢。好吧，有些東西會越來越便宜，例如基本電話費，而電腦可以讓員工的工作比以前更有效率。儘管如此，你每一塊錢銷貨的平均成本，還是逐年上升。也許每年只上升二%，但經過五或十年的複合成長之後，你終將無法獲利——當然，除非你漲價。

就算你不讓問題惡化到那種程度，只要你沒有定期漲價，你還是會以其他方式傷害你的企業。第一，你漸漸破壞你的產品或服務在客戶心目中的價值。不管你願不願意，品質和價格之間，都有個自然的連動關係。我並不是要你把售價定的和業界最貴的相當，但如果你的價格和業界最貴之間的差距太大，客戶會開始認為，你是市場裡的便宜貨。

同時，你會破壞你整個企業的**真正**價值。大多數的小型企業老闆都忽略了這點，他們只把公司視為所得來源，忘了公司本身也是一種重要資產，甚至還可能是最有價值的資產，而且和所有的資產一樣，都是需要維護的。這表示，你要特別重視公司是否有穩健的毛利率，至少不可低於業界水準，最好超越他們。如果你讓你的毛利率遭到侵蝕，將來你打算賣掉公司時就會碰上問題。事實上，你可能根本就賣不掉。

這有點像在賣房子。如果房子的屋頂需要換新的，買家會據此要求折價，或是去找一棟不需要換新屋頂的房子。同理，企業買主會避開毛利率薄弱的公司，特別是那些因為價格太低而導致毛利率微薄者。誰要去買一家公司，然後馬上漲價？即使是在最佳的狀況下，所有權易主之後，要維持原有的客戶基礎都很困難。而當你接手之後就必須採取得罪手頭上每一個客戶的措施時，更幾乎是不可能維持客戶基礎的。

這就是為什麼，我認為公司必須定期漲價。漲價幅度不必很大，我常常必須為漲價而奮戰，但我總是堅持至少要漲一點點。如果朱蒂這十年來每年都漲個一、兩美元，到最後她的價格還是很有競爭力，而且沒人會抱怨。但她卻被迫採取一定會讓客戶抓狂的做法。

◦請教師父

我想聘請一個員工，該怎樣評估？

師父，您好：

我有個小事業，從事寫作教學。我是在家創業的一人公司，用一些獨立臨時人員。有一位幫我做編輯的女士希望成為全職員工，從事行銷和業務的工作。我需要人手來做這些工作。然而，讓她成為全職員工，是很大的財務負擔。她所帶進來的業務，還可能超過我的應付能力。因此，我是不是瘋了才會考慮僱用她？

莎朗

親愛的莎朗：

僱用員工絕不是瘋了，只要你有這個需要，而且知道財務上的後果。這牽涉到判斷：你必須產生多少的額外營業額才能支付新增的費用？其做法是，把一段期間裡的這些費用加總起來，除以你的平均毛利率。例如，假設僱用這名員工並做業務上的調整之後，你第一年的成本增加三萬九千美元，而你的毛利率是三〇%。於是你在這個毛利率之下，年營業額必須增加十三萬美元，才能抵得過新增費用而維持你現有的獲利能力。要降低風險，可以先試驗一下。請她先以臨時工的方式做業務和原先的編輯工作，直到你們兩個人都對新安排有更好的感覺。

諾姆

公司糟糕的規定，會反過來害你

只要客服做得很差，鐵定可以讓客戶流失。最近三十年來，似乎有越來越多人學會這門絕技。有些人把這個現象歸咎於員工，也許是吧，但我認為大多數的情況下，造成問題的並不是員工，而是老闆。怎麼會這樣呢？通常是訂出一條爛規定。

我太太的叔叔阿諾，過世前住在紐約州北部，是個了不起的生意人。有一次，他告訴我他到鎮上一家車商修車的經驗。這是他的車子第二次因為同樣的毛病送廠修理，回去取車時，他被告知修車費是好幾百塊美元。「沒關係，」他說：「但我要先試車，確定真的修好了。」

「好，但你必須先付錢，」服務台的人說：「在帳單還沒付清之前，我們不可以讓你把車子開走。」

對這些人來說，阿諾可不是陌生人，他已經和他們往來了四十年。阿諾曾經是當地一家醫院的行政主管，在那個職位上，他每年向這家車商買五、六輛車，車商甚至還指派一名專任業務員給他。而且，阿諾自己每隔四、五年就買一輛新車。因此，他可是百萬美元級的客戶。

服務台那傢伙很清楚阿諾是何許人物，阿諾不敢相信。「等一下，」他說：「你的意思是說，我不能把車子開走，因為你不相信我會付這麼一點點的修車費？」

「我很抱歉，先生，」這傢伙說：「那是規定，我們也沒辦法。」

阿諾回到家裡，打電話給這家車商的老闆。他說：「吉姆，怎麼搞的？這太離譜了。」老闆向他賠不是，要他別擔心，他會處理。他親自把車子開過去交給阿諾，阿諾可以先開個一兩天，滿意之後再付款。

於是，這個老闆的規定得到什麼結果？他把最好的客戶得罪了，讓員工覺得自己像個笨蛋。而且他讓自己難堪、不便。

我感同身受。我自己就犯過同樣的毛病。

我當然明白公司為什麼要有規定，你成長到某個規模之後，突然發現必須要有些規定。員工必須知道分寸——他們的行為規範，以及哪些事絕不可以做。有些規定是為了企業生存，避免犯下讓公司倒閉的錯誤；有些規定是因為你要維持某種水準；還有一些是你在慘遭修理之後才規定的。另有一些規定，是因為你認為自己發現了增進業績、有效管理、節省成本——或任何事務——的絕佳新方式。

幾乎每個規定的背後，都有個很好的理由，至少立意良善。在你提出這些規定時，從任何角度來看，似乎都很合理。然而，如果你不小心，就很有可能訂出一個傷害事業的規定。問題就出在：**你剝奪了員工用常識處理客戶合理要求的能力**。

以我的事業為例，客戶通常會要求我們把箱子送到他們的辦公室。我們會收取一個正常的運送費，而緊急遞送再另外收費。和其他的事業一樣，客戶有時候會事後打電話來對費用有些意見，我們有幾個客服人員很容易就放水，於是我就做了一個規定：如果沒有主管同意，就不能銷帳。

每當問題是由我們的錯誤所造成時，這個規定就會回過頭來困擾我們自己。譬如說，某個客戶下了一個緊急指令，但不知為什麼，箱子沒有準時送達。客戶會打電話過來，非常生氣，拒絕付運費。客服人員會說：「抱歉，我們已經把東西寄過去了，你必須付費。」

「但你們太晚送來，對我們來說，根本就沒用，」客戶會說：「我們不付這筆錢。」

「那你必須跟我的主管講。」客服人員說。

當然，主管在了解原委之後，會把這筆費用銷掉，但客戶還是會很生氣。首先，因為我們太晚送達。第二，因為客戶如果不抱怨，我們還是會收費。第三，客戶必須打電話給主管才能把這筆費用刪掉。於是客戶事後會想：「這種服務真是差勁透了。」接下來，我們便發現這家客戶岌岌不保，因為負責簽約的人聽說我們沒有準時送達竟然還要收費。

當我搞清楚怎麼回事，這條規定已經造成一些傷害。不用說，我把這個規定取消了。此後，我們的客服人員可以自行決定是否同意銷帳。當我們偶爾出錯時，我希望他們可以銷帳。是不是會有一些客服人員做出不良決策？會的，但我們只要把他們訓練得更好就行了。事後檢討，我只是因為幾個員工在銷帳時過於寬鬆便立下這個規定，實在是一大錯誤。客服人員必須當下就做出正確反應，而且我們必須想辦法讓他們做出迅速回應。

這才是真正的重點。**我們之所以會立下壞規定，並不是在面對問題，而是在逃避問題。**我們掉進尋找捷徑和便宜行事的陷阱。一個壞客戶偷雞摸狗不付錢，我們就對所有的好客戶加以限制。或是一名員工對客戶授信時判斷錯誤，我們就把所有判斷力優秀的員工綁住雙手。

結果就是不良的客戶服務。我們的員工揹黑鍋，但應該被譴責的是我們自己。如果你運氣好，你會發現這個問題，並在傷害還不大之前取消這個規定。這時，你或許會感到很自責，但至少你讓傷害減到最小。你該擔心的是那些還沒發現問題的壞規定。

師父的竅門

1 不要讓客戶有理由相信他們在供養你的奢華。客戶不喜歡這種感覺。

2 養成定期小幅漲價的習慣，這樣你才不會在最後被迫大幅漲價。

3 你的公司或許就是你最重要的個人資產。不要因侵蝕毛利率而損及公司價值。

4 小心你所訂下的規定。這些規定可能在不知不覺中迫使你的員工對客戶提供惡劣的服務。

第11課

到底要不要成長？

大多數的公司負責人每年都有一個例行公事，通常是在十二月或一月。他們拿著計算機坐下來，計算公司未來幾年要有什麼樣的成長，以及如何達到這樣的成長。這是很重要的練習，然而，卻也讓非常多的人陷入困境。那是因為他們犯了一個錯誤，在還沒搞清楚人生規畫之前，就把焦點放在事業規畫上；其實人生規畫應該先做。

不幸的是，我們很多人在這場遊戲當中，都到了很晚的地步才開始了解，甚至在受過罪之後才了解。如果你在一九八〇年代問我，我想要做什麼，我會毫不猶豫地回答：「讓我的事業達到一億美元。」至於我要如何和我太太相處、為什麼我需要一家一億美元的公司，我卻從未想過。我只是下定決心要擁有這麼一家公司，不管需要付出什麼代價。而且，如你所知，我的願望成真了。

當然，我的生活也陷入瘋狂的狀況。我沒時間和家人相處。我從不休假。我也很少有機會去做自己最享受的事。然而，我的確曾經有一段時間擁有我的一億美元公司，這要感謝我在第二課所提的要命購併。後來公司就開始現金失血，接下來，我只知道我接受了破產保護。

這件事搞了三年，但我最後終於帶領公司走出破產保護。這個經驗讓我終身難忘，希望永遠不要再來一次。然而，就和大多數這類的經驗一樣，這次經驗具有非凡的教育意義。尤其是這件事強迫我回頭問我自己，當初我做生意是為了什麼。這陣子，這個問題常常是我向那些找我當顧問的人，提出的第一個問題。

我們來看看麥可·貝哲的例子，他在一九九〇年代中期與我聯絡，要我對他的事業成長提供建議。他說他必須僱用一些業務員，但他不知道自己是否負擔得起這筆費用。我是否願意協助他擬出一套計畫？我同意見他。結果是，麥可有一家家族貨運公司，在紐約附近的港口載送貨櫃。這家公司已經營運了三十二年，每年約有一百七十萬美元的營業額。麥可說他想要在五年內讓公司做到一千萬或一千五百萬美元。我的問題是：「為什麼？」

他對我做了個鬼臉，說：「你的意思是？」

我說：「聽好，我們先不要管公司。公司只是達成目標的工具。問題是，目標是什麼？你的人生想要怎麼走？從家庭的觀點來看，你希望五年後過什麼樣的生活？你想要得到什麼？你想要多少的休假時間？」

麥可對這些問題沒有答案。他沒仔細想過這些問題。大家都很少去想這些問題。他必須和太太討論這些問題。他必須和家裡的其他成員談談，他們有好幾個都是做生意的。最後，他決定了，他真正想要的是讓他微薄的薪水加倍。他們夫妻倆有兩個小孩，而他們的房子太小了。他說他希望能賺到夠多的錢買棟大房子。他還補充說，他希望偶爾能夠休個假。不多──大概一年兩到三個禮拜。當時，他每天都要工作，很少休假，甚至不休假。

我說：「很好，這樣的話，你不必在五年內讓你的公司成長到一千萬美元。反正你可能也沒錢這樣做，但是──如果你要這麼做的話──最後你會一天工作十八小時，一個禮拜七天，而且見不到家人。」

人生規畫必須先於事業規畫

要知道，如果麥可給我另一組人生目標，我會給他不同的回應。畢竟，有些人真的是立志要讓公司盡量快速成長，而且願意在這個過程中，犧牲許多東西──包括他們的家人。我不會和這種人爭辯。他們聽不進去的。我知道，因為我以前就是這種人。

然而，麥可不是這種人，因此，我們能做出一份新的事業計畫，讓他可以得到他想要的東西。他把目標設為五年內讓公司的業績成長到三百萬美元左右，而不是一千五百萬美元，而且，他還不用馬上僱用新業務員。麥可可以自己做業務拜訪。他喜歡做業務，而且很擅於此道。只是他沒辦法做太多業務拜訪，因為他必須留在辦公室裡。

但他有個弟弟是全職司機，領家族成員級的薪水。只要稍加訓練，他弟弟就可以接手部分的辦公室工作，讓麥可有時間到外面去跑業務。因此公司不用一年花五萬美元找個新業務，只要花一萬美元找個約聘的卡車司機來代他弟弟的班就行了，而麥可就可以專心從事他最有影響力的領域。

我還建議他針對現有客戶，尋找其他可能提供的服務項目，其原理是，最容易取得的客戶就是你手頭上的客戶。當我們終於有時間做銷售計畫時，我們合理的預測，在計畫的第五年，公司可以做到三百二十萬美元的業務。麥可感謝我的協助——之後，便消失了五年半之久。

然後，有一天，他突然打電話給我，說他想過來找我。我很想見他，也想探詢他這幾年的狀況。當他走進來時，我一眼就看出來，麥可完全變了一個人。他體重減了四十磅，而且比我記憶中的他更為輕鬆自在，笑談生活和事業上的改變。

首先，他達成了他的目標。他賺的錢更多了，也有一棟大房子。他享受休假，而且花很多時間和太太、孩子相處。自從他僱了一名送貨員之後，差不多每天都可以在五點或五點半下班，關掉手機。

在公司方面，他已經開始對貨運客戶提供倉儲服務，目前擁有好幾間倉庫，成為另一個收入來源。生意非常好，他表示。他很驕傲地對我說，公司在第五年年底時做到三百六十萬美元的營業額，比我們的預測超出四十萬美元。他預計明年做到五百萬美元。

「那很棒，麥可，」我說：「恭喜了。」

「是啊，我很高興，」他說道：「我準備要進入下一階段了。」

「那是什麼呢？」我問道。

「買下其他的貨運公司。」他說。

我的腦中閃過一道警訊。「這種事可能會很難搞的，」我說：「進行購併，你可能會讓自己受傷慘重。」

「你的意思是？」他問道。

我向麥可解釋所有企業購併在先天上的風險。首先，在你還沒取得公司之前，你永遠不知道你買到的到底是什麼貨色，而等你買到時，已經來不及反悔了。

買貨運公司更是特別危險，因為大多數的合約都很隨便。麥可可能買了一家公司之後才發現許多客戶都跑了，或是客戶控制在業務員的手上，業務員威脅公司要把客戶帶走，或是其他五花八門的問題。由於必須借錢做購併，他可能會陷入嚴重的現金流量問題。在最壞的情況下，一個壞購併可能就把公司拖垮，一如我自己在一九八〇年代悔恨交加的經驗。

要知道，我的意思不是教大家應該都不要買公司。有時候，這是事業成長的最好方法。而且，你可以採取許多步驟來保護自己——例如，說服賣方讓你用一段期間的營業收入分次付款。但麥可還有其他問題要考慮。他才花五年的時間創造出自己的美好生活。他真的要冒險放棄這一切嗎？

「喔，我有一個考量。」他說：「我的業務幾乎全來自兩個大客戶。我和他們的關係真的很好，但如果其中一家跑掉，或是縮減業務，我們就會很辛苦。」

我必須說，這是相當嚴肅的考量，但處理這個問題，還有比購併更好的方法。例如，麥可可以花更多的時間去做業務。他很會做業務，也很喜歡做業務，由他來做，就有很大的機會把客戶留下來。他可以不用借錢買公司，而是善用他和這兩個大客戶的關係——一家是做化妝品的，另一家則是做服飾的。他們是非常好的引薦人，可以引領他進入他們各自的產業。即使他只多簽到兩到三家同樣規模的客戶，還是遠比原來的情況好。如果你的最大客戶只占全部業務量的二〇%，而不是五〇%以上，你晚上就可以睡得比較安穩了。

我並沒有完全說服麥可。「用那種方式爭取更多的客戶要花很長的時間。」他說。

「沒錯，」我說：「但你知道嗎？做業務沒有真正的捷徑，當你去找捷徑時，通常，你找到的是麻煩。我花了很長的時間才了解這點。像我這樣的人，都想要立竿見影。我好不容易才學到這個慘痛教訓：你不能期望好事——例如更多的客戶和更好的業績——在一夕之間發生。」

麥可還是有所保留。他說他要再好好想想。我說，這樣也好。我清楚地表明，如果他打定主意就是要買公司，我會幫助他設定一些基本規則，把他所可能冒的風險降到最低。但當我們再碰面時，他告訴我他決定不走購併路線了。我必須說，我鬆了一口氣。明明有其他方法可以達成目標，他卻要冒險犧牲好不容易得來的理想生活，我怕他會懊惱一輩子。但想要事業成長的衝動經常導致我們犯了這種錯誤——這就是為什麼人生規畫必須比事業規畫先做。

。請教師父

出價高低要如何判斷？

師父，您好：

五年前，我父親把我帶進他的公司，好讓他可以多花點時間去跑業務。最近，他做的事似乎越來越少，拿走的錢卻越來越多。他曾經說要把公司交給我；現在結果是我要用買的。我現年三十歲。我想要讓公司成長，但除非我們開始把利潤做再投資，否則我沒辦法讓公司成長。現在已經到了出價的時候了。我不想付太高的價錢，但我也不想出太低的價錢讓父親受辱。你有什麼建議嗎？

羅伯

。

親愛的羅伯：

在你出價之前，你必須做一些心靈探討和人生規畫。十年後你想要達到什麼目標？你要過什麼樣的生活？然後再設計出一個能夠讓你達成人生目標的報價。研究一下類似公司的價值，了解你能提出什麼樣的價格。你的提案應該具體說明你要付多少錢、什麼時候開始付、付款期間有多長、你父親還可以繼續領多少錢的薪水等等。你不能怪你父親竟然要用賣的。公司是他創辦的，他有權處理。但你不一定要買。事實上，你最後可能決定，還是離開比較好。只是離開時切忌口出惡言。對你的父親說：「這是我的計畫。如果我按照這些條件買下公司，我想，我的計畫就可以達成。我愛你。我愛公司。我很想留下來。但我需要一個能夠讓我達成目標的計畫。」

諾姆

你眞的知道公司爲什麼會成功嗎？

我並不是說，想要事業成長有什麼不對。相反的，如果你有一個成功的事業，自然會想要擴張。只要別掉進為成長而成長的陷阱就好了。規模更大未必就是更好，而你成功的理由，可能很難精確地指出來。

這就是成功的問題。當你事業失敗時，你可以回過頭來看看哪裡做錯了，並學到適當的教訓；但我們通常很難了解，甚至無法了解，某一個商業觀念為什麼會成功。

雖然你可以列出許多因素，但你仍然未必精確地了解，這些因素到底是以什麼樣的組合、在什麼樣的時機、各占多少比率，讓你的事業起飛。當你決定要採取某種方式讓事業進入下一個階段時，應該把這點放在心上。如果你不了解真正的成功因素，你就必須對你所採取的策略小心一點。畢竟，當初公司成功的因素，有可能被你意外地破壞掉。

就以我一個朋友為例，在此，我們叫他西摩。二〇〇〇年時，他在紐約大都會區擁有一家最熱門的小服飾店。我們姑且稱這家店為熱褲子。這是一家小店，約一、二五〇平方英尺，位於市郊的小商業區，專門賣牛仔褲和休閒服，以年輕女性和少女為主。西摩靠這個店做到一年好幾百萬美元的營業額，為他帶來零售服飾業該類產品中最高的坪效數字。

對西摩來說，這家店是夢想成真。他是個無師自通的生意人和堅定不移的企業家，先前曾經做過幾個事業，都還不錯，但沒有一個能像他在一九九四年所推出的熱褲子小店這麼一飛沖天。他說，他的計畫是讓公司成長，然後五年左右賣掉。為此，他在本店六十英里外的另一個城市開了第二家熱褲子。他還有一個折價店，賣一些老舊而過時的庫存。

有一天，我接到西摩的電話，他說他必須來找我。有一個大好機會，他想聽聽我的意見。原來是熱褲子本店的隔壁空出來了。西摩想要租下來，把牆打掉，然後把店面擴充一倍。他認為他幾乎可以在一夕之間增加一百萬到二百萬美元的業績。我覺得如何？

在此，你要知道，熱褲子當時是個非常擁擠的地方。大多數日子裡，結帳櫃檯和試穿間的前面都大排長龍。西摩不知用了什麼方法，已經在某一個年齡層——譬如說，十三到十八歲之間——的中階家庭女性之間建立非常棒的口碑，而且這些人很多都是定期來店裡，不只是來買衣服，還有朋友之間的社交。

這對口碑來說是很不錯，但西摩認為，他失去了很多不想排隊等候或是不喜歡人擠人的客戶的生意。他認為擴充之後就可以解決這個問題。我很懷疑。首先，我不確定他是否能創造足夠的額外利潤來證明這項投資是合理的。

「房東有什麼條件嗎？」我問道。西摩說房東要求他放棄舊租約，以目前的市場價格一起重新簽約。因為自從他簽了原先的租約之後，市場租金就已經漲價了，結果，他必須對原有的場地多付二五％的租金。他還要付「押金」——有點像是房東的簽約獎金。然後還有新場地的裝修成本、新增庫存的資金成本，和新增員工的費用。

「你必須好好地看一下這些對你毛利率的影響。」我說。西摩同意。於是我們坐下來把數字算清楚。一下子就很明白了，他必須增加一百萬美元的營業額才能讓他的投資打平。

而他是不是真的有把握能夠增加這麼多的營業額？我很懷疑。專業服飾店可不是餐廳。當一個想要用餐的客人因為不想等太久而掉頭離開，這筆生意八成是丟了。為什麼？因為這個客人肯定是到競爭對手那裡去了。然而，當西摩的客人決定不要為了買一條牛仔褲而排隊結帳，或是排隊試穿之時，我不相信客人會跑去競爭者那裡。

當一家商店變得熱門起來之後，大家光臨的部分原因，會是商品和知名度。我猜，大多數因為太擠而離開的熱褲子客人，會在生意沒有那麼忙時回來。

在這種情況之下，我指出，西摩因為過度擁擠所流失的生意有限，甚至沒有流失。他已經讓市場達到飽和的極限。每個想要在熱褲子買東西的人，都已經在那裡買了。「喔，那麼我或許可以引進新的商品，」西摩說道：「例如年輕男裝。」

我怕的就是這個。為了讓投資合理化，西摩可能會因此想去改變原先的觀念。「你說的可是全新的生意喔。」我說：「你可能會傷害你已經擁有的成果。也許女孩子不喜歡被干擾。」

事實上，西摩並不知道為什麼他的生意會如此成功，而我也不知道。也許是他所放的音樂，也許是他員工的素質，也許是店名，也許是他個人的特質。最有可能的是這些因素及其他十幾種因素——甚至包括空間不夠大——的某種組合。這些小孩子也許就是喜歡擠在一起。她們可能對排隊使用試衣間毫不在意。

西摩唯一確知的是，他正在推翻一般人對這一行、對這種規模，以及這種地段的店家的所有預測。他的業績是一般人對鄰近小商區牛仔褲店之預估業績的兩倍半。你無法解釋這種成功。你只能承認這種成功，尊重這件事，並小心處理。西摩最有價值的資產就是他所創造的品牌。把店面擴充一倍，他就有可能在不經意當中，降低了品牌價值。其風險顯然不成比例地超出潛在報酬，至少我認為如此。

我並不是說，西摩不應該擴張他的事業。他已經開了第二家熱褲子小店，但第二家店才開沒多久，其績效還不能拿來和第一家比。我鼓勵西摩考慮開第三家熱褲子小店。我建議他找個離本店夠近的地方，近到附近的小孩都聽過這個品牌，但也要夠遠，遠到新客人不可能是本店原來的固定客戶。如果新店做得不錯，西摩就證明了他的觀念可行：五年後他可以賣給有興趣把這家店全國化的人。如果分店失敗，喔，至少他沒有破壞他的核心事業。

但這不是西摩想要的建議。他主要是想聽聽看，我是不是認為他把熱褲子本店擴大一倍是瘋狂的行為。「你認為我會倒嗎？」他問道。

「不會倒，」我說：「但我認為你會傷害到你自己。」

我猜西摩並不認同，因為他還是去做他的擴充計畫。事實上，對他個人而言，這仍不失為正確決策，即使對公司來說，是個錯誤的決策。既有店面的擴大遠比開新店更為容易，也比較便宜。西摩已經一個星期工作六、七天，每天都長時間工作，而且他是個喜歡直接掌控交易的人。因此，他可能認為，擴大本店規模，比開第三家小店更令他心滿意足。這是他做這個決策的絕佳理由。（記住，人生規畫優於事業規畫。）我只是擔心他會失去某些辛苦建立起來的價值。

最後，我認為這次擴充並沒有傷及西摩事業的價值，但他也沒得到多少好處。他必須借錢來做這件事，於是必須努力還貸款。所增加的業績，剛好和他所花的時間、精力，和憤怒相抵。當你為成長而成長時，常常會發生這種事。

。請教師父

機會多，資源少，該怎麼辦？

師父，您好：

我幾個妹妹和我在三年前胼手胝足地開了一家沐浴品公司。今年，我們達成了四百萬美元的營業目標。我們有很好的通路，將商品賣到全國各大百貨公司，而且迪士尼和華納兄弟等公司也來找我們開發其品牌產品。我們不久就要以不同的名稱進軍大眾市場。問題是，我們的機會太多，資源卻有限。你會怎樣建議？

莎菈

。

親愛的莎菈：

我要給你的建議，是我希望有人能夠在我當年要把公司帶向一億二千萬美元之前——最後申請破產保護——就給我的建議。你的核心事業應該永遠列為優先考量。任何的機會，只要會傷害你的核心事業，即使只是小小的傷害，都不值得去追求。這不只是錢的問題。你的時間也很有限。對每個新機會，你都要問自己兩個問題：這會不會讓我沒有時間去發展或維持我的核心事業？以及，如果這個機會反而變成財務上的大災難，我的核心事業是否會受損？如果這兩個問題的答案都是肯定的，你或許應該重新考慮，這到底是不是一個好機會。

諾姆

小規模公司的優勢

我的看法是，成長其實是選擇的問題。如果你不想成長，那就不要。你當然不用去追求越大越好，或是越快越好。並沒有任何的生意法則規定，你必須成長。我可以想到許多小公司比大公司更有特殊優勢的狀況。

事實上，我常發現，和大公司競爭，比和經營完善的小公司競爭更為容易。我所從事的檔案倉儲事業當然也是如此。我們在服務上打敗巨人。我們在彈性上勝過他們。我們的地點和價格比他們好。我們被檔案倉儲業巨人搶走的客戶數，五隻手指頭就數得出來（國家級的客戶除外）。

我的意思不是我不尊敬我們的大型競爭者。我認為我們業界的巨人，鐵山公司是很優秀的公司，有一流的作業和人員，但這家公司無法提供我們所具備的特質：一家高度專注、整合良好，以及家族事業導向的小公司，負責人親上火線且積極參與。

我們把這個優勢發揮到極致。所有來參觀我們主要倉庫的潛在客戶都由我親自接見。我告訴他們：「只要你有問題，隨時都可以打電話找我。」有時候潛在客戶會說，那些大公司也提供同樣的服務。我說：「喔，真的嗎？你要不要現在就打個電話給他們的執行長？看看找到執行長要花多少時間。我不管到哪裡都帶著手機。如果我在鄉下，你還是找得到我。」

這個訊息是親和力和個人服務的一部分，而且我們不斷地想辦法強化它。每個新客戶都會收到我和我太太伊蓮的感謝函，伊蓮和我都是公司老闆，她在我們的管理團隊裡扮演關鍵角色。我會在一年的期限內，在時間允許的情況下，盡可能親自拜訪客戶，數量越多越好。我們會邀請所有的客戶來參加公司的派對。在我們這裡放一定箱數以上的客戶，我們倉庫走道就會以其公司命名。我們做各式各樣類似的小事務。

除了象徵性的動作之外，我們提供給客戶的彈性程度，是大公司比不上的。例如，我們的業務員在和客戶講價錢或是協商附加服務上，其可拿捏的空間比大公司的業務員還大。假設有一個小客戶——少於兩千箱的客戶——想要用他自己的表格，而不是我們的表格，來記錄他寄給我們的東西。我們會說：「沒問題。」

大公司沒辦法配合小客戶的這種要求。如果這麼做，他們的作業就會陷入一團混亂。而且，除此之外，他們何必這麼麻煩呢？如果你的倉庫裡有四千萬箱——大公司就有這麼多箱——當你失去一個兩千箱的客戶時，你甚至還沒注意到。

所以我們的規模一直是個優勢，尤其是在爭取中小型客戶上，而中小型客戶是我們這一行的基本飯碗。對於這些客戶，我們的主要競爭對手一向不是業界巨人，而是其他家地區性的專業公司，其負責人的經營方式和我頗為類似。當其中兩家地區性的專業公司被大公司購併之時，他們所喪失的正是這種企業家優勢。當我的城市倉儲從地區性公司成長為全國性公司時，我希望不要和他們有相同的命運。

師父的竅門

1 事業是達到目的的手段。在你做事業規畫之前，先做人生規畫。

2 當你試著要進入業務的下個階段時，不要假設你知道當初之所以會成功，是哪些因素所造成的。

3 事業成長是選擇的問題。決定要成長前，請先確定你知道為什麼要成長。

4 更大未必就更好。小公司具有大公司無法望其項背的優勢。

第12課

關於老闆這門學問……

當我們的公司成長時，我們都要面對一個重大挑戰。然而這個挑戰，大多數人既不了解，也不想要面對。我要談的是成為老闆的必要性。

當我開第一家公司時，我自己就很痛恨成為老闆這個想法。我甚至不想承認我有員工。我說他們是**和我一起**工作的人，而不是**為**我工作的人。那就好像我們在公司裡，人人平等一樣，只是角色不同罷了。當然，那和當時的事實不符。永遠都和事實不符。一定要有個人當老闆，即使是草創期間。如果你不接受這個現實，你就是自討苦吃。

事實上，當我們開始扮演老闆這個角色時，大多會犯兩個典型的錯誤。第一個錯誤是和員工的關係。另一個錯誤是對自己工作的看法。

我已經學到，要當個好老闆，你必須和員工保持一定的距離。你的責任和他們不同。做為一個老闆，你總是要考慮公司整體的利益，不可以讓情緒性的東西介入你的決策。

這並不是說，你不該深入關心你的員工和他們的家人，但我相信，和他們發展公事以外的個人關係是個錯誤。員工不該是你的社交朋友，而你的社交朋友也不該是你的員工。沒錯，你應該尊重員工。你可以和員工一起笑、一起哭，和他們同歡樂、共悲傷；但你和他們都不應該忘記，那是一種事業上的關係。如果你忘了這點，你就會為你、為他們，也為公司製造問題。

談到這裡，我希望我開第一家公司之前，有人給我這個忠告。然而，我不確定我當時是否聽得進去。問題在於，這違反人性，也不符新公司之精神。

和員工太過親密是危險的

當你第一次開公司時，你很自然地會和員工親近。畢竟，你要在壓力極大的情況下，一個星期和員工一起工作六、七十個小時，為生存而奮鬥。那是令人興奮的創業冒險，而且你們相互依賴以求成功。你們會有一種奇妙的同志情感，人人為我我為人人。你最不想做的事就是設立障礙。員工是你生活中最重要的人。他們為什麼不可以在公事之外，成為你的朋友？

當我開第一家公司時，就是這麼想。我有七個員工，除了一個之外，全都都成為我個人的好朋友。他們來我家，我也去他們家。我們的家庭聚在一起。我們一起去度假。我好不容易才學到教訓，這是大錯特錯。

首先，我傾向於把員工晉升到他們完全不適任的職位上。我們有一名我很喜歡的司機，我把他帶進辦公室，負責接電話。四個禮拜之後，我升他為客服主管。有何不可呢？我們需要有人來做這個工作，而且他是我的朋友。不巧的是，他完全不具備這個工作所需的技能。後來，當我知道我白白付高薪給他時，我非常生氣，但這是我的錯，不是他的錯。

我還傾向於在應該把人開除時因循苟且。當我們需要一名業務經理時，我把這個職位交給我們的一個業務員，我的另一個朋友。那是場災難。他是個自命不凡的傢伙，把所有的好客戶都據為己有，並聲稱辦公室所接到的每一筆生意，都是他的功勞。然而我卻一直在為他找藉口，直到有一天我發現他一直在對我撒謊，並且虛報他和我們一家大客戶的佣金。最後我把他開除了。

但有一起事件尤其讓我相信我做得太過火了。那是我的頭號快遞員，從公司成立時就跟著我，也成了我的密友。我們的家庭一起出遊。我們共度許多美好時光。我認為我是他家的一分子，而他也是我家的一分子。

後來我抓到他在偷我的東西。他拿了我們的零用金，原來他一直把我們的零用金當成他個人的撲滿。他之所以能夠得逞是因為我相信他是我的朋友，所以我沒有按應有的方式去稽核他。那很傷，真的很傷。並不是金額很大足以傷害公司，而是我在處理這件事時，情感上受到很大的傷害——我的意思是，非常、非常大的傷害。在我責怪他之前，我先跑回家大哭一場。

不幸的是，我們通常要有類似經驗之後才會了解，和員工太過親密是很危險的。我看過數不清的企業家遭遇這種經歷。我在第五課所提的安妮莎・德爾華就是這樣的例子。有一次她來找我，說她感到很茫然。她一直覺得兩個老員工有問題，這兩個人都是從她一開始創業時就擔任她的業務員。她必須讓其中一個走路，她說這是非常痛苦的感受，因為她把那個人當朋友。我可以體會她的痛苦。

同時，初次創業者往往在突然間發現自己坐上了老闆的位置，於是出現第二個常見的錯誤，而她就犯了這個常見的錯誤。她覺得，要當個好老闆，她必須成為一個經理人。因此，她花越來越多的時間在辦公室裡，參加各種行政庶務，處理成千個公司營運上的小細節。她討厭這種工作，但她認為那是她的責任。我也犯過同樣的錯誤，而且還差點把我的公司給毀了。

「你喜歡做些什麼事?」我問她。

「我喜歡解決問題和為公司打拚，這很刺激。」

「喔，我也一樣。」我說：「但我知道，我不只不是一個好的經理人，而且我也不想當個經理人。我要做我喜歡的事。那麼，我怎麼做呢?我找了一些跟屁蟲在我身邊。」安妮莎哈哈大笑。

「那是真的。」我說：「他們喜歡細節，喜歡跟催過程，喜歡寫字和公文，喜歡做所有我討厭做的事。」

「你說對了，」她說：「我很討厭做這些事。」

「沒錯，沒道理強迫你自己去做這些事。」我說：「負責一家公司，不必坐在辦公室裡。管理也不過就是一種工作。你會毫不猶豫地找個會計人員來處理記帳工作。那為什麼你要認為自己必須去當經理人？你是你公司最棒的業務員。把焦點放在業務上是哪裡錯了？你還是可以為公司設定方向。你還是可以訂定標準。但首先你必須把你自己從管理工作上抽出來，把它交給善於此道的人去做。然後，你就可以回去做你喜歡做的事了。」

尋找合適人選是另一個問題。這點，我很幸運。記得嗎？有一個人從我開業以來，就沒有和我做公事以外的交往。他比我年輕十三歲。他住得很遠，而且風格和我完全不同。他是個……喔，也許我應該說，他是個細節導向的人。無論如何，他成了我公司的總裁以及事業上的合夥人。我喜歡他，也依賴他。謝天謝地，我們一直不是社交上的朋友。

。請教師父

員工變成我的噩夢，怎麼辦？

師父，您好：

在我母親過世之後，我接下她的事業。我僱用了一個女孩子，但她還帶了一個朋友過來，於是我在不情願的狀況下，也僱用了她的朋友。從此我就生活在夢魘之中。這兩個女人讓我抓狂。我的好心，被她們糟蹋了，亂用我的電話、檔案錯亂、不會打字、把我的電腦弄得亂七八糟、經常抱怨、成天只會聊天，而且從來都沒把工作做好。然而我不敢講她們，因為我擔心我沒辦法取代她們。我已經面試了幾個人，他們都要求福利，但我的公司還太小，沒有能力提供他們這些福利。我該怎麼辦？

芮絲

。

親愛的芮絲：

盡快把這兩個人開除，然後用你自己的方式撐起來。有這些人，你過的是什麼樣的生活？你可以過得更好，而且，當你決定讓她們走路之時，你會立刻覺得好多了。相信我，她們並非無可取代，即使你負擔不起福利支出。也許你可以提供其他的東西——例如彈性的上班時間。找幾個新人，在週末訓練他們，然後要他們星期一上班。當你這兩個員工來上班時，告訴她們，你不需要她們了。也許你有好幾個星期必須加班，但長期來看，你的生活會變得更輕鬆，而你也會更快樂。

諾姆

。

用企業的角度處理員工偷竊

我要回到員工偷竊問題，因為我認為這是我們都必須處理的難題，而且首次發生時，必然是非常棘手。那種被背叛的感覺，通常讓你毫無招架之力。但如果你不小心一點，你的反應方式可能會傷了你自己和你的事業。

我要告訴你一個我認識的人的故事，她開了好幾家不錯的民宿。我們就叫她娜奧米吧。她每個星期在公司工作五十五個小時，做了九年之後，她決定自己必須卸下日常管理的工作。她的兩家民宿都做得不錯，而且都有她完全信任的總經理。這似乎是放手的好時機。

於是她放手了。接下來兩年，娜奧米有一段非常愜意的日子。她去旅遊、結婚，花很多時間在休閒、嗜好和慈善工作上。她每個月和總經理開一次會，討論公司問題，而且偶爾會到公司去看一下，與員工吃午餐，但大致上，她不介入公司。一切似乎都很不錯，而且她比以前更快樂。為什麼要和成功過不去呢？

然後她開始聽到一些傳言，說她比較大的那間民宿有問題。她最忠誠的員工，頭號管家，告訴娜奧米說，她從在前檯打工的幾位密友那裡，聽到一些不堪的事情。她們說，那裡有好幾個人不老實。娜奧米和民宿的總經理珍妮斯談及此事，珍妮斯否認此事，說這個管家經常誇大其詞。這倒是事實，娜奧米也同意。

但還有其他徵兆。客人有時候會在退房好幾個禮拜之後打電話過來要求收據，而民宿卻沒有他們的住房紀錄。公司的信用卡似乎出現房間裝修及娛樂費過高的現象。當有一天，娜奧米去檢查零用金抽屜時，她很驚訝地發現，抽屜裡放了將近一千美元，而不是平常的一百美元。珍妮斯說，有些人要求要拿現金。「我們不這麼做。」娜奧米說道，並把多餘的現金放回銀行。

事實是，娜奧米不想知道這些徵兆所指出的問題。她那時正在享受她的人生，沒興趣回到一週工作五十五小時的日子。此外，她信任珍妮斯，珍妮斯不只是她的總經理而已，還是她個人的好朋友——或者說，這是她個人的感覺。

但這些徵兆越來越多，而且管家仍然堅持她的看法。她說，她有員工打掃房間的紀錄，可以用這些紀錄來核對客人住房所付的錢。最後娜奧米不再堅持，於是做了一次稽核，這花了她兩個多月才完成。結果是，每個月大約有三十個房間沒有入帳。換算之後，就是一年有五萬美元不見了。

娜奧米再也不能忽視這個證據。她堅持實施新程序。當珍妮斯反對時，娜奧米就把她開除了，並再度回到民宿，親自坐鎮。她很快就弄清楚了，狀況比她想像的還要更糟。另一名員工當場被抓到偷竊，坦承他過去兩年來一共偷了三萬美元。他說這是珍妮斯教他的——而且珍妮斯拿的錢更多卻可以一走了之。

我知道娜奧米當時的感受。她感到羞愧。她很生氣。她覺得遭到背叛，也被傷害了。這些人怎麼能做出這種事？她責怪自己竟然讓這種事發生，發誓將來一定得小心翼翼地看緊公司。沒人可以得到她的信任，在她不在的時候替她經營公司。從此之後，她全職坐鎮公司。

當年我發現我的頭號快遞員偷公司的錢時，我的反應也是如此。金錢上的損失不算什麼。被背叛的感覺才是最糟糕的。我感到孤立無援。我不知道我還可以相信什麼人。我決定不再相信任何人，而這正是錯誤的反應。員工偷竊的最大問題在於，這種事通常會導致你對你的公司和你的生活做出不當的決定。你會變得非常情緒化，而有過度反應的傾向。在你還沒把情緒性的東西排除之前，你沒辦法回到正常，做正確的企業決策。

首先，你必須了解，偷竊是個企業問題，因此，也應該用企業的角度去處理。在大多數的情況下，是你公司的程序有問題，才會發生此事。也許你忽略了要建立一定程度的稽核和制衡。也許大家沒有照你所規定的程序去做。也許只是因為你沒去注意。不管怎樣，有些東西出問題了。你必須找出問題然後加以修正。

然而，你不該不再相信別人。沒錯，有一小撮人是小偷。不管你怎麼做，他們都會想辦法鑽系統的漏洞，而有時候，他們會成功。但大多數人都很誠實。如果你開始以沒有人可以信賴的心態去經營公司，對你或對他們都會造成傷害。

這就是為什麼你需要一套正確的程序。正確的程序可以讓公司順暢地營運，並讓大家在信任的基礎上互動，同時讓偷竊更為困難，有助於你防患未然。因此，身為負責人，你最大的責任就是時時去檢查你的程序，確保大家都遵守你的程序，並視需要尋找新的程序。當你遇到不了解的事情時，一定要問清楚，這很重要。

例如，在我的公司裡，總是有三個人簽發每個禮拜的支票。有一次，他們都不在，於是我決定自己簽——我已經好久沒簽了——只因為我想看看我們的程序是否正常。當我逐一核閱支票時，我看到一張一千一百美元的支票要付給一名一天開兩小時的司機。以一個星期十小時算，他一小時賺一百一十美元。我想那應該有問題，於是把這張支票放到一旁。我繼續簽，直到我碰到另一張我覺得有問題的支票：開一天的車子賺六百美元。那相當於一星期三千美元，一年十五萬美元。有這麼好的工作？我也把這張放到一邊。從三百張左右的支票中，我找到四張我認為有必要做進一步調查。

於是我到樓下去核對司機的出勤表和車單。結果這四張支票當中，有三張是正確的；第四張有問題。有個傢伙找出我們系統的漏洞，重複填單。這個騙術造成我們一個禮拜三百美元的損失。這種事有多久了？我沒問，也不在乎。我從不往回看，那只會讓你生氣而已。

我和簽支票的幾個同事開了一個會，提醒他們，他們的工作不只是簽支票而已。我可以買一台機器來簽支票。他們應該去核閱他們所簽的支票，並注意數字是否合理。就這個案子來看，再怎麼說，我們都不需要一個新的作業程序。我們只要好好地遵照既有程序去做就行了。

顯然，娜奧米在決定放下事業之前，並沒有把正確的程序設好。如果她有一個簡單的系統去比較，譬如說，每週的房間清理數和出租數，她應該能夠更早查到這個問題。再說，她並不是真的想了解這些問題，因為她自己都承認了。

娜奧米的反應是矯枉過正。她相信只要她有一段時間不在公司，就會有被下面的人偷竊的風險。她說，唯一脫離這個問題的方法就是賣掉。那是情緒性的說法。果真如此，她再度當個幕後老闆就很不智了，但是只要有正確的程序和定期監督，她沒有理由不能一方面繼續保有公司，一方面還過著一個充分而均衡的生活。幸好，在她做出可能會讓她後悔一輩子的決定之前，她又恢復理智。

。請教師父

如何處理不適任的人？

師父，您好：

大約兩年半前，我僱了一個人來當我的作業經理。當時，他非常適合擔任這個工作。然而，現在公司已經成長，遠超出他的能力，他已經不適任了。他仍然是我們團隊的資產，但這不是指他在現有工作上的表現。我想讓他繼續留在公司，但調到別的位置。這種狀況真難處理。他已經三十三歲，還有家眷。但我覺得我必須採取行動。你有什麼建議嗎？

艾瑞克

親愛的艾瑞克：

我們遲早都會碰到你的狀況，而且我相信——這很難處理。你覺得很愧疚，因為當初是你把他放到這個位置上的，你認為這是你的錯。我以前會用你所建議的方法，但效果通常不好。問題在於薪資。如果我砍某個人的薪水，他一定忿忿不平。如果我不砍他的薪水，忿忿不平的人就會是我。你必須拋開情緒，好好地把這個狀況想清楚。如果你有另一個薪水相當的職位給那個人，不管怎樣，就把他調過去吧。但如果新職務不足以支付他現有的薪資水準，就別這麼做。最好讓他走。如果你覺得良心不安，就給他優厚的資遣費。

諾姆

靠腎上腺素經營的階段終會結束

記住，成為一個老闆是一個過程，而不是目的。你會經歷好幾個階段去了解你的角色，但你要一直學習新的東西，因為這個工作一直在演變。有些階段的確很困難。

對我而言，最困難的階段是發生在當我了解該是我退居幕後，放手讓我的經理人去管理城市倉儲公司之時。事實上，我已經盡量拖延授權給我的管理團隊之時間。誰肯放棄當自己公司的主廚和總管呢？當然，我的幹部已經告訴過我，公司的問題很嚴重，而且很多問題是我造成的，但我卻聽不進去。走掉幾個人又怎樣？士氣低落又怎樣？管理幹部花許多時間去救火又怎樣？他們是領薪水的，不是嗎？

我不確定最後是什麼說服了我這樣做。也許是因為我們在某些方面的表現讓我感到很挫折。也許是因為我又想起我的快遞事業成長到一億二千萬美元時的痛苦回憶。也許是我的經理人把我磨得沒皮條了。不管是什麼因素，我最後終於放棄，並同意我們必須有所改變。事業所需要的東西，是我無法提供的，而且只要我還是整天待在公司、做重大決策，並主導一切，公司便無法得到這些東西。於是我讓我自己脫離權力，讓我的管理團隊負起重責大任。

事後回想，我可以看得出來，公司比我更早就準備好要改變了。大家都非常期待秩序和結構。而我呢？

我比較喜歡混亂。在我的內心深處，我喜歡問題叢生。我享受著在危險環境工作的刺激。這是我之所以能夠在創業時得到如此樂趣的原因之一。當你在創業時，你什麼都沒有，有的只是問題。你總是在第一線。你同時要耍一打的球，而且你不能讓其中任何一顆球掉落。每個人都要靠你。沒人會質疑你的決策過程。在這種狀況下，你就好像是上帝一樣，而且你純粹靠腎上腺素在經營。那很刺激、令人興奮，而又具挑戰性，每一分每一秒我都愛極了。

然而，這個階段終會結束。如果你的事業很成功，終究會脫離草創階段並開始成長。你可以撐一陣子，但公司遲早會發展出一套需求，是我這種創業者所不善於處理的。你不可以忽略這些需求。我曾經忽略過，而終身遺憾。

當我回顧我在快遞事業上的經驗時，我明白——在我做錯的許多事當中——我犯了一個關鍵錯誤：不讓公司得到應有的管理、安定，和結構。我就是不肯退下來。所有的決策，最後都由我決定，而且我不讓經理人做他們該做的工作。最後，我付出慘痛的代價。

我決定不要再犯同樣的錯誤，但授權對我這種人來說，不是那麼容易。事實上，在事業上我想不出有什麼事會比改變你公司的經營方式——從一人獨裁變成共同領導——更為困難。而且，這個領域我完全沒經驗；當我把日常運作交給我的經理人去管理之後，我才明白這點。事實上，我要面對三個挑戰。

第一個挑戰是要找個人為我管理轉型過程。我的意思不是聘請一個新的執行長。每當有創辦人要退居幕後時，大家總是開始去找替代人選，這很少會是個正確的解決方式。

我知道我們不需要一個新老闆，我們也不需要新的經理人。我們所需要的是新的管理系統——還要有人來幫我們設立這套系統。我根本就不可能有能力來監督我自己的公司轉型成團隊管理體制。我的本能會導引我去抵制變革。像我這種人，不只是對不安定的環境感到興奮而已，我們還會製造動亂；而管理，就是透過計畫、組織，和承諾來創造安定。

因此，我知道我必須找個人來領導這個過程——一個專業經理人，一個熱中於打造公司，一如我熱中於創業的人。有一些顧問專門做這種轉型案，但我想不出有哪一個顧問我可以放心地把公司交給他去做。我也不想引進一個完全不了解如何在小企業環境之下運作的大企業高級主管。我需要一個我極為熟識，且完全信任的人，這個人的思考過程我既了解、又尊重。畢竟，這個人的主要工作將是和我討論。

我對整個過程有極大的期盼。公司是我的寶貝。其他人或許幫公司成長，但公司是從我眼中的靈光一閃開始的。因此，對於我請來帶領公司進入下個階段的這個人，我必須有完全的信心。幸好，我的未來合夥人山姆・克普蘭（Sam Kaplan）剛好可以幫忙，當時，我已經認識他二十三年了。他是那種即使看法和我相左，我還是會信任其判斷的人，這點非常重要。

放棄控制權是令人害怕的事。有時候，我真的很難再往前走，因為我怕我的公司被別人拿走了，就像有人要拿走我的孩子一樣。你必須對引導你的人有盲目的信心，要不然你就沒辦法把公司交給他。我對山姆就有這種信心。

百分之百授權給管理團隊

你還必須去找一些你可以在公司裡做的事——這正是我所面對的第二挑戰。我的意思是，如果我以後再也不能去經營公司，那我的時間要怎麼打發？我有許多公司以外的興趣，但我不能就這麼離開公司。我還是很愛我的公司。我愛這個生意點子。我覺得這個事業很刺激。我要和公司保持親密關係。然而，我也明白，我該讓路了。

我知道我將不會喜歡縮減後的角色。最後決定權不是落在我身上，這事一直讓我感到很難受。我想要參與每一項決策，而且我知道我很難接受，沒有我，大家也可以做決策。我更難接受與我看法相左的決策。

那麼，我是怎麼做的呢？把門關起來，獨自坐在辦公室裡自己和自己抬槓嗎？還是又退回到老習慣，破壞整個轉型過程？多年來我已經學到一件事，要革除一個壞習慣，就用一個好習慣去代替。我還學到一件事，執行長的責任，就是把員工放到可以對公司做出最大貢獻的職務上——這樣看來，我還是公司的執行長。

哪個工作最適合我？毫無疑問，業務是其中之一。我喜歡當業務，我也很會做業務，而且我還有一輩子的人脈可以運用。我還很善於談合約和監督案子——而我們未來幾年打算蓋好幾棟倉庫。於是我決定把時間分配在業務拜訪和新建築的監造上。我想，這兩個工作可以讓我和公司保持接觸，而且不會打擾到任何人。我會盡量遠離辦公室。我不會參加員工會議。我要讓經理人自己做決策，而且我會盡量容忍他們。

無論如何，這就是我的計畫，但要改掉老習慣可不是那麼容易。於是第三個挑戰就是在轉型過程中，堅持到底。有時我會想，我到底能夠堅持多久？我能夠放手到什麼程度？我的目標是百分之百授權給我的管理團隊，但我花了將近十年才達成。偶爾，經理人會來問我某件事該如何處理。有時候我會忍不住給他們答案，雖然我知道他們應該自己做決定。

山姆一直告訴我根本就不應該做任何決策。他說，只要經理人保持在預算範圍內並達成財務目標，我就不該去管他們是如何做的。

理論上，他的說法正確，但我還要有相當的成長，才能做到他所宣揚的理念。這並不是說，公司一點都沒進步。隨著時間經過，我可以看到公司有頗大的改變。我們的員工流動率大幅下降，部分原因——我相信——是因為我們在招募上開始做得更好。在新的程序下，每個應徵者都要經過兩個人面試。我覺得，這個規定太奢侈了。但我能說什麼？這個方法有效。

同時，我的會計部做了一次全面大改革。改革之前，當我需要資訊時，所得到的總是不夠。改革之後，我得到比需求還多的資訊，而這一切來自同樣的人員。我一直把這個問題怪罪到部門主管的頭上，但結果我才是真正的罪人。她的頂頭上司就是我。而她所需要的，就只是更有條理的制度和一個新老闆，然後她就成了大明星。

事實上，大多數員工在新領導之下都更為壯盛。士氣比以前更高昂。理由很明顯：大家都要有條理的結構。他們要知道有哪些規定，而且他們要求這些規定要一體適用。他們不要我們凡事個案處理，而我習慣採個案處理。當他們相信每個人都受到同等對待之後，事實上，他們表現得更好。如果你在我們做轉型之前告訴我這些，我會說你瘋了，但我無法否定我親眼所看到的事實。

當然，還是有例外。例如，我們的頭號快遞員就走了，他已經在我們這裡做了十三年。我相信他的能力，但他無法面對改革。有一天，他在無預警之下走了，我很震驚。我相信，對我的經理人來說，他們最大的意外是我竟還能信守改革承諾。他們讓我知道大小事情，以讓我覺得好過一些。我可以看得出來，他們做了許多有智慧的決定——其決策或許和我的見解不同，但無論如何，仍是明智的決策。

最後，我們得到很大的報酬。隨著時間經過，我越來越有信心，我知道我的事業交給了一群得力助手，不用我直接參與也可以繼續成長，我感到很滿意。結果，我有自己的時間去做我喜歡的事，過我想過的生活。我想像不出還有比這更好的報酬。

師父的竅門

1 不論你和員工的關係有多密切，你們都不該忘記，這是一種事業上的關係，而且應該以這種態度去應對。

2 如果你和大多數的創業者一樣，比較喜歡業務而不喜歡管理，記住，你可以請其他人來管理，不必親自管理。

3 處理員工偷竊的方法，是改善你的體制，而不是不再相信任何人。

4 當你該退居幕後，把日常營運交給你的經理人去管理時，找個你信得過的人幫你做轉型，而你自己要找其他對公司有貢獻的事去做。

第13課

企業的文化，得靠你親手打造

優秀員工是老闆和公司的福氣，就這點來看，我覺得自己的福氣一直都比別人大。如果沒有這些為公司工作的優秀員工，我就享受不到成功的事業，或過著理想的生活。我花了好長一段時間，才建立起這個團隊。

一開始創業時，我知道要擁有優秀的團隊，但我當時覺得，組一個優秀團隊是相當簡單的過程。我只要僱用最好的人才，把他們照顧好——給他們不錯的待遇、提供良好的福利和各種津貼等，就夠了。

但後來證明，這是個錯覺。首先，我發現自己很難事先知道，誰才是真正優秀的人才。僱用了數不清的人後，我才明白不論直覺有多敏銳，不論對應徵者做了多少次面談，不論多勤快地查證推薦函，在他或她還沒實際工作之前，我就是無法知道這個人在工作上會有什麼樣的表現。某些非常有潛力的應徵者，受僱用之後是個庸才；而我有一位總裁剛來上班時，沒人認為他會待得下來。

這是常態而非例外。我學到，一流的員工通常會意外地出現。你所能做的，就是在僱用時做最佳的預測，然後給他們機會去表現。有些人會讓你失望，但有些人會超出預期。不管哪一種，你都要花好幾個月甚至好幾年的時間，才會知道自己找來什麼樣的員工。但我也學到，組成一個優秀團隊不是靠運氣，最有力的招募工具，就是你擁有極大控制權的企業文化。每一天你都有機會去塑造文化，而且不可以輕易放過這些機會。

讓我告訴你貓咪艾爾莎的故事。

這隻貓，住在我們的一棟倉庫裡，我們的人照顧這隻小貓，而牠則幫忙抓老鼠作為回報。牠還喜歡和住在對街倉庫裡的貓勾搭，因為我們有一天發現，牠帶著一窩小貓出現。這時我們才知道牠之前懷孕了。

我們的員工很愛這些小貓——誰不愛小貓咪呢？很多人表示有興趣收養，我們決定，當小貓長大一點，再辦個抽籤來決定誰得到哪一隻。同時，艾爾莎可以暫時照顧這一窩小貓。牠不能忍受人類的打擾，所以把小貓藏在倉庫裡大家都找不到的地方。

有一天，艾爾莎現身在倉庫的辦公室，顯然發狂了，哭叫個不停。很明顯，那窩小貓應該出事了。當天下午，我們接到一間律師事務所的檔案經理打來的電話，一位司機漏載了幾個他們的箱子。「你們剛剛送給我們一箱子小貓。」對方說。

這句話像野火一樣傳遍整個公司，大家都想知道小貓在哪裡，以及我們打算怎麼做。我可以派這位司機回頭，但我們聯絡不到他。他已經在回家途中，車上沒有電話。從財務角度看，最合理的方式，就是把小貓留在那裡，等下次送貨時再接回來。但我們好不容易才建立以員工需求和關心為基礎的文化，而此時，他們最關心的就是小貓的命運。

於是，我派另一名司機去把小貓接回來。

這趟車程來回，大約要花兩個半小時。當這名司機回來時，卸貨區已經聚集了一百多名員工——還有一隻貓。當裝著小貓的箱子放到艾爾莎面前時，大家齊聲歡呼。

這是公司生活中的一個小事件，但這件事非同小可。至少，它強化了我們和競爭者有所不同的人性導向文化。

多年來，這個企業文化是我們能夠建立偉大團隊的重要因素。當然，金錢和福利也很重要，但你無法光靠金錢，來留住最優秀的人才。因為，其他公司很容易就提出更優厚的條件。沒有人會忠於薪資待遇。然而，人們會忠於一家令人感到驕傲的公司，例如懂得公平競爭、妥善對待客戶和供應商、回饋社區，而且非常重視讓公司成為極佳的工作場合。這樣的文化，不只可以把你現有員工和公司連結在一起，其他人也會注意到，最後，前來應徵工作的人員，素質也會提升。

那麼，要如何建立這種文化？我相信有三個不可或缺的要素。

第一，是互信，這需要清楚的原則。你必須讓大家知道，公司對員工的要求是什麼，而他們可以預期得到什麼樣的報酬。我的原則很簡單：我要員工老老實實地工作。就是如此而已，只要他們老老實實地工作，我就會確保他們的工作。我相信，這就是雇主最重要的責任。如果員工做到你所要求的每一件事，你就該讓他們有信心，知道你不會讓他們失去工作。如果沒有這個保障，你就得不到互信，而沒有互信，公司就不會擁有健康的文化。

第二個要素，是感激員工的貢獻。所有你從公司得來的成果，源於其他人的努力，這些你全都必須承認，並且顯示出你的感激之情。我們公司用盡各種方法來做這件事。例如，我們會舉辦送禮遊戲，每當公司成長抵達新的里程碑，我們就發獎金給每個員工。我們還批進大量的電影票，讓員工能用很好的折扣購買，也讓這些大多來自貧民區的員工，經由我們的協助，能和家人一起看電影。此外，我們也有當地運動聯盟：洋基、大都會和尼克隊的長期季票，這些票不是用來做公關，而是獎勵表現優秀的員工。

我們有數十種方法來表達感謝之意，而且很多都不是事先規畫好的。當紐約市把地鐵車資從一．五美元漲到二美元時，我們立刻給每位員工每週加發五美元。當然，還有之前提過的，小貓遺失的案例。

這麼做的目的，是要不斷地提醒員工，他們是社區裡的重要成員，而這正是強固文化的第三項要素。我要大家覺得自己屬於一個更大的群體，他們的工作有更高的目的。當然，有一部分目的是為客戶提供優秀服務，但我覺得這還不夠。我還要大家相信，他們同屬一個社區，而這個社區正在對世界做一些有意義的事。

幾年前，我們讓員工表決，如何處理每年公司依照傳統在十二月舉辦大型節慶派對的經費。他們以壓倒性的多數表示，希望把這筆錢拿來幫助地方上的慈善機構。我們成立了委員會，聯絡附近一間自閉症和心智障礙的兒童學校，希望能去那裡做聖誕節表演。學校當局相當興奮，這些學童和我們大多數員工一樣，來自布魯克林的貧民區，對許多小朋友來說，我們所給的禮物就是他們所收到的唯一一份禮物。

老師把小朋友想要的禮物列成清單——從腳踏車、電腦，到大型玩具動物等，各種東西都有。我太太伊蓮找了一群員工負責採購工作，然後在總部辦公室騰出空間，讓員工可以在那裡包裝並陳列各式各樣的禮物。到了約定當天，我們讓公司各單位和各階層的人自由參加活動，一起到學校去。我們分成好幾組發放禮物，並和學童玩在一起。

接下來發生的事非常神奇。整個空間的氣氛充滿了觸電的感覺，我們都看到孩子眼睛裡的興奮之情，以及每位員工臉上的驕傲。我想到我們的員工大多數財務狀況並不允許自己做許多的善事，而現在，他們津津有味地享受這個機會，把快樂帶進孩子的生活之中。我也跟著做，也同樣享受到員工的快樂。這是世上最神奇的人際關係經驗。

從此之後，我們每年都回到這所學校，而每年總是有著同樣美好的經驗。我沒有一次不感受到極大的成就和滿足感。這還讓我想到，每一個人從公司文化中所得到的最大好處，就是有機會和自己所認識的最好的人一起工作。

請教師父

夫妻創業，要如何公私分明？

師父，您好：

我太太和我已經結婚八年了，我愛她愛得要死。幾年前，我們開設一家顧問公司，做得還不錯，但生活、工作、吃飯、遊玩、養小孩，甚至睡覺都在一起的挑戰，對兩人造成不良的影響。我們很難把公、私畫分得一清二楚。請問夫妻如何一起經營公司，同時還保持良好的關係？

李奇

。

親愛的李奇：

我也和我太太伊蓮一起工作，她是人力資源部的副總。我們結婚之後沒多久，就試著一起打拚。二十年後有一天她請辭這份工作，她說：「我必須把原則建立起來。工作和婚姻之間，必須分清楚。」你必須搞清楚，什麼時候講什麼話、你要如何扮演好每個角色，以及哪些行為可以做，哪些不能。

但這種安排並非適合每一個人，我不確定你會不會因為結婚夠久，而能夠克服這個困難。我們結婚八年時，我想我們是沒辦法做到這點的。如果你沒辦法為工作和生活建立原則，並堅守這個原則，或許你應該考慮夫妻倆擁有各自的事業。

諾姆

每家公司的文化，都會自然地演進

我的第一家公司理想快遞，企業文化相當與眾不同。開始時，我甚至不知道自己正在創造一個文化。創業者很少會去注意這種事，企業文化並非事先規畫好的，而是自然發生的。就在大家都專心地忙著工作——跑業務、提供服務、付帳款、寄發票等等時，一個小社群冒出來了，而這個社群有自己不成文的習慣、傳統、打扮和說話模式，以及行為法則。當你發現時，通常這個文化已經根深柢固。你只能期待自己喜歡這個文化，因為它很可能就反映了你的性格。

我會這樣描述理想快遞的文化：強悍卻講理。在當時，我是個很強悍的創業家，急著建立一個一億美元的企業，而且我常常大聲罵人。當有人做出我認為愚蠢、漫不經心，或是錯誤的行為時，我就會破口大罵。當我認為員工應該事先防範問題，而他們卻做不到時，我會破口大罵。當我們因為行動不夠快而錯失機會時，我會破口大罵。當我們犯了一個應該可以避免的錯誤時，我會氣得七竅生煙。我並不是故意要讓大家難受，只是感到挫折而已。我沒有耐心。我要事情都處理妥當，而且快速地處理。幸好，我通常會在造成嚴重破壞之前冷靜下來，而且我不記恨。脾氣發過之後就沒事了。

公司裡的人，至少是留下來的那些，已經接受這些戲碼，把它當成生活的一部分。或許我很天真，但我不相信他們會因為我的脾氣而反對我。他們知道，我每次生氣幾乎都是有原因的，而且對事不對人。我也許會大小聲，但我給他們很好的薪水，公平地對待他們，而且不做不合理的要求。只要他們盡到他們的責任，我就盡到我的責任。

理想快遞的文化完全反映這些現象：我很嚴格，給他們的壓力也很大，而且還常常大呼小叫的。員工彼此之間的行為也很率直，沒有人會花心思去推敲其他人的感受。大多數人的態度是：「我們是來這裡幹活的，那就好好的幹活吧，請閉上嘴巴，把工作做好。」有些員工在這種環境下如魚得水，他們喜歡壓力，他們因壓力而振奮。當然，他們也認同我們的價值，這很重要。我們對人對己都很嚴格，因此，我們堅持絕對的誠實，而且試著公平對待所有與我們有生意往來的人。對習慣這種文化的員工來說，理想快遞是絕佳的工作場所。不習慣的人就待不久。

我想強調，這些全都不是刻意塑造的。當時，我對自己的性格和公司文化之間的關係不以為意。我太專注於理想快遞的快速成長，越大越好，而不太去想這些東西。直到我太太伊蓮於一九九四年加入公司後，也就是理想快遞走出破產保護，而且我們開始接觸檔案倉儲事業時，我才開始嚴肅思考文化的問題，主要是因為她的風格和我大不相同。事實上，她的風格和我正好相反。我行事率直，而她卻細膩體貼。當我傾向於專注在員工對公司的責任時，她卻專注在公司對員工的責任。我只在乎工作完成，而她要員工在工作上有所學習並感到快樂。

起碼我是個相當開明的人，而且總是讓伊蓮做她想做的事，因此即使我很懷疑效果，還是會放手讓她試。結果，那些事的確有效，而且效果非常大。整個公司氣氛開始改變，而且客戶也注意到這些轉變。客戶說，我們的員工似乎比競爭對手的員工更快樂，我們的員工比較有笑容，而且會盡量幫客戶的忙。我沒多久就認為，加入伊蓮之後，城市倉儲比在我的領軍之下，變得更好了。

這個了解具有重要的意義。首先，我必須修正自己的行為。我是什麼樣的人，這改不了，但我可以確保自己不破壞伊蓮所做的事。第一，不干涉經理人，讓他們去負責日常營運。此外，我必須找機會向大家證明伊蓮得到我的充分支持。例如，她推出好幾個遊戲：讓大家猜我們什麼時候倉儲量將創新高、減肥比賽，或是種植美麗的孤挺花。我幾乎都會參加，不是當個參賽者，就是擔任頒獎者。

除此之外，我的職責就是扮演推動這個文化的大頭目。如果你的公司溫馨、友善，而且照顧員工，這個責任就特別重大。總是會有幾個心有疑慮且不滿現狀的人，會把你所做的每一樣正面事物化為負面。他們會拒絕參加會議。如果你堅持要他們參加，他們就會表現出覺得很無聊，而且心不在焉的樣子。他們會背著你說公司的壞話，並指控你偽善，最糟的情形是他們會中傷你。我們公司就有幾個這種人，我們和他們談過，聽取意見，解釋我們的做法，並敦促他們加入計畫。如果他們不改變這種行為，我最後就會把他們叫進辦公室，告訴他們一個好消息：從今以後他們再也不必生氣或是覺得自己很可憐，因為他們不用在這裡工作了。他們可以自由自在地去找一個自己覺得快樂的地方，如此一來，我們不只消除了一些負面力量，還向其他員工證明，我們對自己說出的話是認真的。

你或許會問，推動這種文化何以如此重要？為什麼不能讓不同的經理人，擁有不同的管理風格？答案是，只要他們都在同一個文化範疇內經營，就可以擁有風格。在一家公司裡，你不該允許一種以上的文化存在。如果你讓經理人各自發展次文化，就會陷入混亂和公司政治的問題。衝突必然發生，進而造成溝通問題、士氣問題、合作問題，最後引起人員流動問題。員工會試著換到部門文化最受他們喜愛的單位，最後你會遭遇文化競爭問題，甚至於失去一些好員工。總之，原本應該用來對外發展業務和服務客戶的、大量的時間和精力，卻可能浪費在內耗。

身為負責人，確保不同部門不會有不同的文化是你的責任。在某些狀況下，這可能是你最重要的責任。這也是你無法授權他人的責任，你可以讓其他人在定義文化上扮演關鍵角色，一如我讓伊蓮去做的事，但文化必須有人去落實，而你是唯一能做這件事的人。你要哪種文化都沒關係，但必須全公司都一致。雖然各部門會有細微差別，但每個人對於員工可以或應該有什麼樣的行為，都要具有相同的認知。

這並不是說，所有的文化都平等。我了解某些文化就是比其他文化更有效率，也更為有效。具體地說，我可以看得出來，伊蓮的文化就比我在理想快遞所建立的文化更好。而且，我算老幾，敢和老婆唱反調？

天上掉下來的零錢

我知道，我認為文化很重要，有些人會不敢苟同。他們懷疑，文化跟賺不賺錢無關。我相信，關係很大。事實上，我認為一家公司的成敗，文化扮演著極大的角色。因為公司文化塑造了員工對工作場所的態度，這態度會導引他們的行為，而他們的行為，對企業的財務狀況就會有直接的影響。

例如，我們來看看費用不斷增加（所有的費用傾向於隨著時間而增加）的現象。這個現象有個孿生兄弟：由儉入奢。所謂奢侈，我是指對公司經營而言，並非不可或缺的費用。草創時期，你看不到什麼奢侈，至少在成功的草創公司裡不多見。新創公司浪費許多錢在非必要事物上，是存活不久的，聰明的創業家知道，自己的創業資本必須撐得越久越好，因此他們去租二手家具，而不是買新的。他們搭乘廉價航空，住汽車旅館。他們緊盯著電話費、郵費和辦公室費用。他們之所以如此苛刻，是因為知道自己所省下的每一分錢，都有助於支付下一次薪水，並在事業發展起來之前，讓自己得到必要的喘息空間。

然而，時日一久，儉樸的習慣便日漸消失。他們開始更自由地花錢，開始投資在可以增加成長潛力的東西（如電腦、電話系統、廣告），同時在其他地方也失去戒心。他們有能力花錢去僱用一些不是很必要的員工。一路下來，通常在不知不覺當中，奢侈品變成必需品，而組織變得有點肥大。業務員開始認為在城裡跑業務，**必須**搭計程車，而不是地鐵。辦公室人員認為他們**必須**使用快捷或聯邦快遞來送包裹，而不是寄平信。高階主管認為自己**必須**坐商務艙、住高級旅館。費用蔓生，而間接成本也膨脹了。

當然，危機總在意想不到的時候來臨，然後公司會突然發現急需現金。這時，很多公司不得不把原本應該放到最後的手段——裁員，馬上拿出來因應。裁員是處理現金流量問題中，所需成本最高的方法。雖然丟掉飯碗的員工是最明顯的受害者，但整個組織也受到傷害，因為留下來的人會擔心誰是下一個，並開始訂定因應計畫。

然而，等到你陷入現金危機，才開始想要刪減各種已經習以為常的奢侈品，通常已經太遲了。傷害已經造成，現金已經花掉。這時，公司如果不裁員，再怎麼節省經費都無法度過危機。這就是為什麼要持續對抗蔓生的費用，不可以絲毫懈怠。否則，任何人都可能賠錢。

我相信，這種對抗有兩個面向，它們同樣重要，而且都和文化有關。第一，你會創造一個大家都關心公司好壞，並煞費苦心去控制成本的環境。訂定一個預算，並要高階主管去負責，那是不夠的。也許這是解決方式之一，但你不能忽略基層員工。錢可能浪費在你意想不到的地方，而省錢的方式，則可能來自你從未想到的地方。如果你真心想打擊蔓生的費用，就必須讓所有人都參與，但除非大家都很關心公司，願意伸出援手，而且除非員工都知道公司關心他們，否則不可能做到全員參與。

讓我告訴你派蒂・萊福的故事。派蒂擔任我們的特別助理已經好幾年，她做這個工作大約三個月後，伊蓮向我提到，派蒂下班後還去兼差打掃辦公室。伊蓮說：「她一星期賺七十五美元，是為了要存錢回學校念書。」

當時，派蒂的表現可靠、機智而聰明，早已令我們印象深刻。我們知道應該留住她，在正常的情況下，她必須做六個月以上才會得到加薪，但我看到一個向她釋出訊息的機會。我對其他高階主管說：「如果我們三個月之後再給她加薪，那當然很好。如果我們現在就給她加薪，她會永生難忘。」他們都同意。

第二天，我把派蒂叫進辦公室。「我知道你晚上還到外面兼差。」我說。

「是的。」她試探性地回答。

「我們恐怕不能允許這種事，」我說：「當你早上來這裡工作時，我們需要你已經有充分的休息而且精神良好。」她整個人呆坐在椅子上。「我還知道，你所兼的那個工作一個星期給你七十五美元。我們要幫你加薪，就加這個數字，這樣，你的收入才不會有任何損失。」

她的臉龐有如閃光燈似亮了起來。「啊，謝謝您。」她說。

「還有一件事，」我說：「你應該知道我們有一個政策。只要在這裡工作滿一年，任何人都可以到學校進修，而且，只要成績在B以上，我們就會幫你付學費。」派蒂離開辦公室時喜形於色。我相信，她一定知道我們在關心她。

這只不過是故事的前半段而已。後半段和文化的另一個面向有關。那就是，每個員工都必須知道，省錢是公司的一大要務，而且，這個訊息必須直接來自層峰。還有，你不能只是說說而已，你的所做所為比你所講的話，更有效地傳達這個意旨。

我要先說一個理想快遞早年的例子。當我們的成長加速時，我看到公司裡有越來越多浪費的跡象，這讓我感到很不舒服。有一天，當我發現我們花好多錢在買新筆時，我終於爆發了。我們只有四十個員工，但我們一個星期要買四十枝筆。簡直是亂搞！我對員工說的時候，他們面面相覷。

「有那麼嚴重嗎？」有人問道。

「一枝筆一塊錢，一個星期四十枝就是四十塊錢，」我說道：「那就是一年二千美元。這只是買筆耶！我們的錢還浪費在哪些地方？」

我必須承認，關於筆這件事，我自己可能就是最大的嫌疑犯。如果我向你借筆，這枝筆最後幾乎總是落入我的口袋。我甚至不知道自己拿了人家的筆，我常順手插進口袋，回頭便忘了。一天下來，我的口袋裡會多六、七枝搞不清楚從哪裡來的筆。

無論如何，我真的很關心蔓生的費用，所以決定想辦法解決。於是我宣布，從此之後，如果不把舊筆繳回，誰都別想申請新筆。你猜怎麼了？這個政策徹底失敗。有人會跑來說他需要一枝筆，但編出各種藉口說明為什麼沒辦法繳回舊筆。他們把筆放在家裡了，明天就會帶過來。筆放在車上，等一下再拿過來。被諾姆拿走了……各種理由。兩個月後，我們一個星期還是要買四十枝筆。我受夠了。於是我說：「每個人都有筆，對吧？從今以後，我們不再買筆。我們要把省下來的這筆錢，放到員工專用基金。到年底時，我們再來看看怎麼使用這筆錢。」

我的員工抓狂了。他們說：「這樣我們就沒辦法工作了，大家光是找筆就有得忙了。」

「別擔心，」我說：「一定會有筆的。」

的確有筆。結果，公司不買筆，日子照樣過。大家很快就適應這個新政策，我不知道這些筆從哪裡跑出來，我猜，有的人帶自己的筆，有的人想辦法把以前我們所買的筆找出來。同時，這個筆政策成了我們文化的一部分。後來還衍生出一個笑話，特別是當我沒帶筆去開會時會聽到。有人會說：「你在搞笑嗎？你不帶筆就來上班？」我就必須回辦公室拿筆。

從此，公司二十年來不曾買過任何一枝筆。雖然這個政策沒有完全解決費用蔓生的問題，但絕對有用。突然不再買筆，讓我們消除了小小的浪費，並釋出一個大訊息。一提到筆，就提醒大家，我們真的很關心成本控制。我一有機會，就會以其他事件提醒大家做成本控制，但我不知道有哪個例子比買筆政策更有效。

然而，如果沒有這個公式的前半部：讓員工知道公司在關心他們，整個方法就沒效。如果他們有企圖心想幫助公司，也知道你對蔓生費用的感受，他們將不只是停止浪費而已，還會提出讓令人大吃一驚的省錢方式。

這就要回過頭來談派蒂了。

有一天，我在偶然間發現，未來電訊（Nextel）的業務代表在辦公室裡和總裁路易談話。他走了之後，路易過來找我，他說：「哇，我們剛剛從未來電訊那裡得到一個挺不錯的條件。我們的月費降了二十四美元。」

那很驚人，我們大約有一百二十五支的雙向無線電話，而每支電話的月費一直是四十九美元。但未來電訊正在執行一個專案，我們可以付二十五美元的月費並得到全公司一萬分鐘的通話秒數。路易說：「這比我們現在所用的秒數還多。以目前的方案，我們還可以增加到三萬分鐘以上。」

於是我們一個月便省下三千美元，也就是一年三萬六千美元。「幹得好。」我說。

「不是我，」路易說：「是派蒂。」檢查未來電訊的使用情形是她的責任之一。她在檢查當中，發現這個專案，並提出來要路易注意。我並不是說，派蒂之所以會發現這個省錢機會是因為我們給她加薪。她從上班的第一天開始，就是個非常認真的員工。即使我們沒加薪，她還是有可能找出幫我們省下電話費用的方法。

但我們讓她知道，我們是多麼的關心她，這可能給她多一點動機，為公司做點好事。誰曉得呢？如果我們不能讓她辭掉兼差工作，她可能會很累，而錯失了未來電訊這個專案。無論如何，這一切都證明文化對你公司的財務改善有直接的影響。

師父的竅門

1 公司文化可能是你尋求並留住優秀員工的最有力工具。塑造公司文化的機會天天都有，別錯過了。

2 有一件事你不能授權他人去做，那就是確保公司內只有一個文化，而不是好幾個文化互相較勁。

3 費用有隨時間而蔓生的自然傾向。如果你要控制費用，就必須讓每個人都參與、一起努力。

4 找機會向員工釋出訊息，讓他們知道，你真的非常關心他們，而且你也要他們關心成本控制。

第14課

銷售，絕對不能光靠單打獨鬥

聘人，當然是公司創辦人的主要工作之一。而每個老闆在這件事情上都會犯錯，尤其是聘用業務員的時候。

算一算，我這輩子至少僱用了三百個業務員，而且犯過書上所寫的每一種錯誤。我學到了一件事：沒有捷徑。至少，對我而言是如此。

找到合適人選要花時間，訓練他們要時間，讓他們習慣我們的習慣也要時間。沒錯，我以前認為自己可以在這個過程中快馬加鞭，只要找一進門就馬上可以發揮作用的高手就行了。但每次我這麼做，就會後悔。我學到了教訓：有效的銷售需要團隊行動，而建立一個優秀團隊，需要合適的隊員。我指的是了解自己的角色，而且能夠與人合作，以達成最佳成果的隊員。我也發現能夠這麼做的業務員，很少能在最短的時間內，交出最亮麗的業績。

選擇新業務員，我有四條規則。

規則一：找想上班、而不是想創業的人

規則一，和應徵者的願景有關。我相信這世上有兩種業務員——一種最後會自己出去開業，另一種將永遠為人作嫁。這兩種人我都喜歡，但我的公司要僱用的，是第二種業務員。

別誤會我的意思。我不反對員工離職去開創自己的事業，如果他們和我們競爭，我也不太在乎。我寧願他們離開，也不要他們待在我這裡悶悶不樂。我不喜歡的，是業務人員大幅流動，我要的是能夠永遠待在我這裡的業務員。

其他的員工就不同了。如果他們不能在組織裡一路往上爬，遲早他們的薪水就會過高，這會為你和他們造成困擾。業務員沒有這個問題，他們的薪水一般都以業績為基礎。而且，好的業務員能夠年復一年地產生業績。這些人對企業非常有價值。一旦找到並訓練他們之後，我絕不要失去他們。因此我盡量刷掉想自己創業的應徵者。他們也許是非常優秀的業務員，但我知道他們不會久留。我衷心希望他們成功——但不在我這裡。

這就是第一條規則：僱用業務員，而不是企業家。

規則二：不從同業中挖角

第二條規則，來自我第一次創業時的一些不良經驗。和許多年輕的創業家一樣，我當時非常急躁，我以為自己可以靠僱用競爭對手的業務員，而省下時間和金錢。因為他們已經熟悉這個市場和

業務，不必再接受訓練，就可以馬上發揮戰力。他們還可能把一些客戶帶過來。那時候，他們看起來就像是成長的捷徑。然而我發現，他們其實是惹火上身的主因。

首先，有些人會帶著壞習慣過來，而我沒辦法改變他們。所有業界慣用的技倆他們都會，而且他們追求快速銷售。我要求他們把眼光放遠，但他們不聽，他們認為自己比我更懂。結果顯示，他們並不是那麼優秀的業務員。我從別的行業帶進來並親自加以訓練的業務員，一直都有更好的成果。於是我不得不思考，也許我的競爭對手會讓這些業務員離開，不是沒有原因。也許，當他們告訴我，他們在其他公司的表現多麼優秀的時候，我不該輕易相信。

我後來是否真的從競爭對手那裡搶到一些市占率？是的，但代價太大了。僱用競爭對手的業務員以買到市占率，對你在業界的風評沒有任何幫助。也許當你年輕氣盛時，對此並不在乎，但最後你會學到，風評是不可或缺的企業資產，長期而言，比多做幾筆業務更有價值。於是我們在公司裡定了一個新政策：不從同業僱用業務員。

規則三：至少待過兩家公司

我的第三個規則，可能會讓一些人覺得心胸狹隘，但這個規則建立在多年的經驗上。這個規則是：來應徵的人，必須至少待過兩家公司，而且其中一個工作是做業務。換句話說，我們不用剛出校門的業務員。為什麼？因為沒有人會滿意自己的第一個工作。

是的，幾乎沒有人如此。當然一定有例外，但無論第一份正職工作的待遇有多好，大多數人還是會雞蛋裡挑骨頭。那是人性，如果無從比較，你就不會珍惜手上已經擁有的東西。結果就是你會去尋找更青翠的草原，一出校門就來我這裡工作的人，幾乎在兩年內都會離開。

僱用這種我明知道一受完訓練就馬上會離開的業務員，或是訓練之後，卻發現他們不喜歡賣東西，或是不習慣我們的環境的人，一點意義也沒有。這就是為什麼，我們堅持應徵人員必須具有銷售經驗，並且在至少兩家其他公司工作過。你在做第一份工作時，會假設每一家公司都以同樣的方式工作，做第二份工作時，你會學到，不同的公司具有不同的風格、不同的優點，以及不同的程序和規定。到了第三份工作，你知道自己不但在選擇公司，也在選擇職業。

規則四：絕對不找大牌業務員

第四個規則或許是最矛盾的一條。我有一個絕對堅持的政策是：永遠不用大牌，也就是超級業務員，或說一部銷售機器。同樣一百次的業務拜訪，如果說一名好業務員可以成交十件，那麼優秀的業務員可以成交二十件，而大牌業務員可以成交到三十五件。我說的正是那些在工作上有頂尖表現的人，他們有訣竅、有願景、有動力。他們可以賣任何東西給任何人。他們是世上最優秀的業務員。

而我，不要這種人進入我的公司，因為他們只有一個想法：成交。他們為了討好客戶，什麼話都說得出口，什麼事都做得出來，什麼承諾都可以給。

柏特是我早期快遞事業的大牌業務員，他講話很快，腦筋也動得很快。他還帶來大量的營業額，這讓我很滿意。我當時沒時間去查他的狀況，而且我不知道我應該這麼做。我只關心業務，而他把業務帶進來。

後來問題開始浮現。首先，我們開始收不到他客戶的錢，有些客戶說我們所收的價格和他們原先得到的承諾不同，其他客戶抱怨沒有得到我們宣告的服務水準。然後柏特還給小額客戶大批量的折扣價，並回報公司這些客戶以後還會買得更多。當我們去查證時才發現，這些未來的銷售，不過是他自己幻想的空中樓閣。大多數的狀況是，這些客戶根本就不可能再向他買東西。

不幸的是，柏特不是我僱用的唯一一位大牌，往後的大牌也都給我造成麻煩。我沒辦法訓練或控制他們，他們總走在我前方四十步之處。我所定的每一套制度，他們都找到破解方法。我一直以為自己可以克服這些問題，我告訴自己，這些大牌會帶來新客戶，而且我可以在事後修補問題。但我從來都修補不了，客戶覺得他們被誤導了，而且要我和這些大牌一樣，也該負責。

於是我學到一個重要教訓：你的業務員在市場裡就代表你。但我擔當不起讓這些大牌來代表我，他們的經營哲學和我不同，他們相信為了做成買賣可以不計任何代價。我不要不計代價的業務，我要的是能夠提供足夠毛利讓事業成長的業務，而且這些客戶要年復一年，不斷地回來交易。我要和客戶建立長期關係，而且我要在這件事上能夠幫助我的業務員。

這才是真正的重點。我並不是主張每家公司都應該建立和我一樣的規則。重要的是，隨著公司成長，你要仔細思考這些問題，並發展你自己的做法與規定。因為當你僱用業務員時，不只是挑選員工而已，還是在挑選客戶。不管你喜不喜歡，你的業務員在決定你擁有哪種客戶以及建立何種關係上，扮演著重要的角色。你值得花時間去確保自己得到正確的客戶關係。

怎樣獎勵優秀的業務員

找到合適的業務員只是第一步。你還必須建立獎金制度，在不造成公司的困擾之下，給出合理的報酬。

我已經發展出自己的制度，來支付酬勞給業務員。在發展的過程中，我漸漸相信，大多數公司所採用的，是製造問題的方法（我指的是支付銷售佣金的實務部分）。除非你在使用這些方法時非常小心，否則，幾乎總是對公司的團隊精神和共同目的造成破壞。

這是怎麼造成的？那就是把業務員單獨歸為一類，讓他們和大家產生疏離。當然，該怪罪的不只是銷售佣金制度而已。佣金制度並不會讓大多數公司把業務員放到獨立的辦公室，讓他們在公司外開自己的會，然後在績效檢討時，對業務員比對其他的員工更為小心呵護。

但佣金制度確實在造成業務員和其他員工的疏離上，扮演了重要的角色。結果帶來員工之間許多的敵意和厭惡感，造成無可避免的衝突。會計人員會抱怨業務員和客戶訂定特殊條件，卻不通知負責收款的人員，作業人員則抱怨業務員提出不合理的要求。身為老闆，你必須不斷地在不同部門間做思考，同時還要解決業務員本身之間的糾紛：哪個地盤歸給誰、哪個客戶由誰負責、公司所接到的客源要交給誰等等，沒完沒了。

我知道，我對佣金制度的立場是矛盾的。我也知道，許多時候，你別無選擇——至少一開始是如此。大多數業務員已經被灌輸唯佣金至上的思想，他們相信佣金是處理薪資唯一公平的方式，而且他們喜歡根據自己的業績拿獎金的想法。因此，許多老闆也抱持同樣的哲學，並相信這樣可以得到較多的業績，而且如果業務員從他們帶進來的業務中分一杯羹的話，表現得會比較好。我自己以前就信這套。

但我已經知道，這是錯的。經過多次的惡劣經驗之後，我決定廢除以佣金為基礎的銷售獎金制度，改成付業務員固定薪水，外加年終獎金，並根據他們個人表現及公司整體表現各占一半的因素來加薪。結果是，我的團隊裡的三個業務員外加一名助理，其績效經常超越我們的競爭者，平均每人的成交業務量，超過同業其他公司平均每個業務員的成交量。而且，我們的人是一起做業務，因為他們真的採取團隊方式來工作。雖然他們沒有一個是超級業務員，但各有擅長，可以截長補短。

例如，我的一個業務員對於開發新客戶很有一套，但要真的做到大客戶的生意，卻力有未逮。這沒有關係，因為他可以得到所有的協助而成交。我們沒有所謂地盤，也沒有地盤意識。業務員在必要時會互相照應，他們還和作業人員密切合作，經常一起去拜訪客戶，讓客戶有機會認識將來實際提供服務的人。業務員本身則對作業流程完全了解，他們曾經花時間到各個非業務部門實習，以做為訓練的一部分，並在此期間，和其他員工建立了關係，也對其他部門的貢獻有深入的了解。業務員在這樣的關係基礎上所做出來的業績，足以讓超級業務員刮目相看。

我承認，這個系統花了好幾年才演化出來，而且一路上，我不得不數度改弦易轍。我曾經對自己不需要大牌業務員這件事難以接受，因為從某方面看，我自己就是個大牌業務員。當我決定要把所有的業務員從佣金制改成固定薪制，更是掙扎。老實說，如果我在別的公司做業務員，也會堅持拿佣金，因為我自認是個優秀的業務員，我要根據業績拿獎金，才不去管公司的其他部分。如果其他員工沒有按照我的意思去服務「我的」客戶，我會大發雷霆。換句話說，我當時就是那種自己現在不要僱用的業務員。

不過我做了這項轉變之後，得到意想不到的好處。所有老闆或多或少都會感到害怕的事——業務員離職、把客戶帶走——不再發生了。自從上個業務員離職到現在已經有好多年了，而且如果現在有人走掉，對公司的業務也絕對沒有影響。就個人來說，有人離職，我們會感到很遺憾，但這種事不會讓我想到客戶或營業額的流失。

事實上，如果業務員採佣金制而不是本薪加年終獎金的話，比較有可能發生業務員離職並帶走客戶的情事。對佣金制的業務員來說，客戶代表安全。只要他們保有客戶關係，他們就會認定自己有辦法餬口。結果是，他們會強烈地確保客戶屬於他們而非公司，於是他們反對讓公司其他人和客戶建立關係。如果客戶只見他們，生活會更好過。

而老闆為了自保，會提出各種機制，以防止業務員和客戶過度親暱。有一個方法是把新客戶從業務員的手中移轉給客服專員，從此由客服專員來處理客戶關係。另一個則是隨著時間調降佣金，當一個業務員做到某個客戶的業務時，第一年會收到譬如一〇%的佣金，第二年收到五%，之後降為二%。理論上，如果業務員只能收到二%的佣金，他們便不會花太多時間在這個客戶上。這樣的制度或許可以削弱業務員對客戶的把持度，但並沒有解決根本問題。業務員仍然不是團隊的一員。讓公司成功並不是他們的關注焦點。他們的焦點是尋求切身利益。

我要求公司裡每一個人，包括業務員，感覺自己同屬一個團隊。如此一來，大家領薪水的方式就要一樣。注意，我沒有說每個人的薪水應該一樣多。由於業務員所扮演的角色和工作的困難度，賺的錢應該比其他人多，這是很自然的。但我要所有的員工同屬一個薪獎制度，也就是說，我會每年根據公司表現和個人貢獻做檢討並調整薪水。

大膽改變，終於獲得更團結的業務團隊

如果你和大多數的老闆一樣，可能會搖搖頭，心想：「很不錯。但就算我要實施這種薪獎制度，永遠都辦不到。」你以為自己別無選擇，只能付銷售佣金。這是業界的方式，是業務員想要

的，也有可能這是一種激勵的方式。我同意佣金是大多數產業的規範，而業務員也習於這個規範。我也同意佣金是激勵**某些**業務員的唯一方式。但這些業務員是大牌，遲早會成為創業家，而我公司不要這種人。我要的業務員是，他們之所以靠銷售為生，只因他們喜歡銷售，而且善於銷售。他們沒有祕密計畫。激勵他們的因素和其他員工一樣。只是他們剛好是做業務的而已。

這些業務員不必靠佣金。和其他人一樣，他們要求合理的待遇，但他們也要求大多數人在職場裡所追尋的東西。他們想成為某個整體的一部分。他們要屬於某個地方。他們要把職場生涯放在視他們為團隊重要成員的企業裡。

然而就定義上，如果你為佣金而銷售，就不是團隊的一員。你領錢的方式，相當程度地迫使你為自己工作。不幸的是，大多數業務員並不了解這個問題。他們習慣拿佣金。他們已經接受傳統的方法。當他們去面試，問的問題通常是：「佣金怎麼算？抽多少百分比？」如果你給他們固定薪，他們會露出奇怪的表情。你沒辦法和他們爭辯，我也不會去爭辯。對於來面試的優秀業務員，我不會在他們還沒準備好之前，就強迫他們接受我的制度，這可能會讓我失去人才。向他們推銷這個制度是我的責任，但需要時間。

因此對新進業務員，我們一開始是給他們習慣的方式：薪水加佣金。兩年後，我們知道要留下哪些人。於是我會對這個人說：「你在這裡已經兩年了。我們希望你永遠待在這裡。我們要用加薪來抵掉你的佣金，這樣你的所得不會有任何減損。反過來說，你會有穩定的收入。你是不是認為自己今年業績將會大好？我願意保證你今年很好。如果你今年真的做出非常好的業績，我保證明年你會更好。話說回來，如果景氣變差，你會好幾年業績清淡，但你也不必擔心所得大幅減少。你還是繼續領薪水。我們之所以給你這樣的保障，是因為我們要你長期待在這裡。」

我還解釋每年的檢討薪水的過程。一開始我們會先評估公司過去一年做得如何，以及我們預期來年會如何，然後根據這個評估設定加薪範圍。每個人的加薪都落在這個範圍，但到底是落在上限還是下限，端看個人表現。

於是業務員會和其他的員工一樣，依照公司的成果和個人貢獻領取報酬。邏輯很簡單：我們要他們改變心態。我們要他們把焦點放在做對公司最有利的事，不論是銷售、與其他員工一起解決客戶問題、協助收款，或是花時間在重要但未必立即產生業績的專案上。

業務員做了這些事，並成為公司團隊裡成熟的一員之後，長期來看，他們所賺到的錢和佣金制一樣多。我還會另外指出，他們將來可以休更長的假，因為團隊裡的其他成員可以處理任何問題，所以不必擔心客戶沒人照顧。此外，他們會因成為績優公司的一分子而感到滿意，而且因為知道在不景氣時不會落得孤軍奮戰而感到有保障。

有些人，就是比較難被說服。我有一個非常厲害的業務員佩蒂．卡娜．波斯特，就僵持了好幾年。但她最後終於妥協，從領佣金轉到固定薪。

以大部分都採固定薪的業務團隊方式做了將近二十年之後，我可以向你保證，這樣的制度真的可行，而且對大家都有好處，雖然毫無疑問，我個人受益最多。我的確得到很大的好處，我得到一家團結一致的公司。我讓大家合作往同一個方向努力，不必浪費時間去擔心業務員離職帶走客戶，這些日子以來，對這些問題我甚至連想都不去想了，而心靈平靜可能是最大的好處！

查爾斯

請教師父

業務員把客戶帶走，該怎麼辦？

師父，您好：

我聽您說過，如果正確地經營事業，離職員工應該沒有能力把你的客戶帶走。那麼，我是哪裡做錯了？我給專案經理和業務員很大的空間與自由去服務客戶，一到兩年之後，這些員工就帶著客戶走了。每次發生這種事，我的感覺就和收到國稅局信函一樣糟。

。

親愛的查爾斯：

先從檢視你的聘僱作業開始。聽起來，你在尋找願意長期待在公司的業務員的方式上，有改善空間。還有，你應該主動出擊。如果你和作業人員不能定期和客戶接觸，你就是自找麻煩。定期和客戶接觸，是確保客戶屬於公司而不是業務員的唯一方法。我會小心翼翼地不去侵犯業務員，而他們也很高興我經常去拜訪客戶。有我在場，帶給他們競爭優勢。如果他們反對，那只有一個理由：他們並沒有真正把公司的利益放在心上。

諾姆

人人都是業務員

我主張銷售應該是團隊活動，指的不只是擁有銷售團隊，而是公司裡「每個人」都要銷售。我的意思是，每個員工在銷售過程裡都扮演一個角色。不論在作業部、客服部或會計部工作，他們都對客戶有所衝擊，不論好壞都會影響業務單位爭取客戶、做成生意的能力。我有很長一段時間，一直認為這個效果是間接的，我無法想像業務部以外的人如何能**直接**對開發新客戶負責。但後來有一天我的員工為我上了一課，改變我對銷售的看法。

事實上，這件事是我太太伊蓮帶頭開始的。我們一直聽到客戶抱怨他們打電話過來時所收到的回應，而身為人力資源主管的伊蓮，決定要好好解決這個問題。她找到一家專門訓練電話服務的公司，並安排講師為我們的員工開課。這家公司宣稱每個人都可以從訓練中得到好處，於是伊蓮決定所有六十名正職員工都要參加，這差不多是我們現場人力的一半。

所投資的經費非同小可——一萬美元給講師，外加所有上課人員的薪水，但我懷疑我們會得到什麼。我知道要推動行為上的長期改變極為困難，這個效果大概僅能維持三個星期。然而，我不喜歡對嘗試新東西的人潑冷水，而且伊蓮很堅持，所以就答應了。

我必須承認，我很好奇員工對這次教育訓練的反應，因為我們從未做過類似的訓練。我們的員工大多來自附近的貧民區，受教育的機會很有限。然而，他們去上這個教育訓練就有如鴨子玩水一樣，顯然對於有機會學習新工作技能而樂在其中。當講師教他們電話回覆技巧這類的課程時，他們聚精會神地聽著，並完全吸收。

事後，伊蓮想辦法讓這股動能持續下去。她做了一些表格讓員工填寫，了解他們學了些什麼、最喜歡哪一個課，還需要哪些協助等。此外，她向這家教育訓練公司買了一套錄影帶，想激發大家更多討論。問題是，如何激發呢？雖然伊蓮曾經當過老師，卻沒有職場教育訓練的經驗。結果，她幾乎是邊做邊學，弄出自己的一套東西。她計畫每兩週開一堂五小時的課，每堂課十二人。她在課堂上先放錄影帶，然後要學員討論錄影帶裡的議題。她還做了一個後來變得很關鍵的規定：每堂課都要有各部門的人參加，而且學員的組合要不斷更換。這個構想，只是為了讓上課的學員，能夠和其他在工作崗位上永遠碰不到面的員工產生互動，伊蓮認為這麼做或許會帶來一些有意思的效果。

我自己沒去上課，但晚上會和伊蓮談上課的情形。她忘不了大家上課時的熱情或課堂上所產生的同儕之情。學員很喜歡被叫起來講話，很愛上台講故事，談自己當客戶的經驗、談如何把學到的技巧應用到工作以外的地方、談公司所發生的事。例如，有一次上課時，一位叫做丹妮絲的客服專員就指名稱讚一位叫克里斯的倉庫工人。她說，一個星期之前，克里斯特別幫忙，確保把正確的箱子準時送到客戶手上。客戶收到之後鬆了一口氣，並稱讚公司的表現。丹妮絲要把客戶的讚美傳給大家，要不然，克里斯和其他學員就都不知道這件事。

結果，在不同部門的成員間建立這樣的關係，竟成為這個活動的主要好處。過去儘管我們不遺餘力地建立團隊精神，大家還是無法真正了解，直到他們坐進房間裡，和其他部門的員工交談，才總算體驗到。突然間，他們把每個人的名字和臉兜起來了。他們感受到其他人需要處理的問題，也看到工作如何在公司裡各個部門之間流轉。司機要靠客服專員，而客服專員要靠庫房人員，這一切都變得非常清楚。在這個過程中，大家開始以公司整體的角度去思考，而不只關注自己的一小塊區域。

伊蓮則是用這個訓練課程來加強客服訊息。她會說：「你的薪水不是我付的，是客戶付的，只是透過我來發給你們。」她提醒大家，不管我們是因業績創新高而發獎金，或對員工的退休金專戶做一一〇%的相對提撥，大家都要知道這些獎金是誰給的。她說：「這一切都來自客戶。當你看到諾姆或其他人帶一群人來參觀現場時，這群人通常就是潛在客戶。我們要讓他們覺得，他們很受歡迎，因此我們得微笑和打招呼。」

過不了多久，我們就見到成果。客訴量幾乎立即下降，打電話給我的人，開始問我們是否要僱用新作業員。同時，我們開始收到越來越多對服務的讚賞。對於得到客戶讚賞的人，伊蓮一向都會發給他們二十五美元獎金，但我們收到的讚許量是如此之多，以至於我們沒辦法一直這樣給，於是改成發禮券和球賽的票。這沒有影響，讚美還是一直進來。這個課程開始後的六個月，我們所收到的讚揚電話、信函，超過之前十四年所收到的總數。

我覺得很神奇。我告訴伊蓮，我無法相信員工的變化。他們不只是對客戶更好，員工彼此之間也更為和善。她提到課堂上討論過，相對於外部客戶還有內部客戶的概念，而對這兩種客戶的服務都很重要。顯然這個討論已經深入人心，我可以看到我們處理特殊需求的能力已經有所不同。譬如說，有個客戶必須在很短的時間內拿到大量檔案，過去，我或其他高階主管總是要介入，爭辯是否遵守正常制度，並搞得焦頭爛額。在公司新的合作水準之下，我們的員工能夠彼此協調，確保這樣的需求順利解決，不會造成不必要的困擾。

但最令人信服的證據，來自正在猶豫是否把生意交給我們的潛在客戶。多年來，我們已經把向客戶介紹工作環境當作一大重點。在客戶參觀現場的活動中，我們會帶他們到圖表張貼區，這些圖表顯示「箱子競賽」的進行狀況，如果我們所儲存的總箱數有所增加，我們就會給員工獎勵。參訪者還經常會問：「我能不能申請到這裡工作？」有一個新客戶甚至還寄過來一封信，說他要給我們五千箱，希望能讓我們創新高，然後員工就可以領到獎金。因此，我察覺到所有員工對某些客戶決定是否簽約，扮演了一定的角色，但我當時並不了解這有多重要，直到我們開始看到伊蓮教育訓練計畫的成效之後，才總算明白。

一天下午，公司總裁路易帶著剛做完現場參觀的客戶回到主管辦公室。我們已經安排好做完參觀之後的會面，當我們一起坐進辦公室時，我問那個人是否還在考慮其他的供應商。「是的，有兩家。」他說，並把這兩家的名字給我，都是我們的主要競爭對手。

我以往的標準回應，是稱讚這些公司，說客戶不論選哪一家，都會滿意，並建議他選擇我們，他會更滿意。但不知為什麼，我這次用了不同的台詞：「你看到他們的工作場所和我們有什麼不同嗎？」我問道。

「是的，我看到一些不一樣的地方。」他說：「你們的員工個個帶著笑容，而且都會打招呼。我從未見過類似情形，他們應該是真的很快樂。」

「我也希望如此，」我說：「感謝你注意到這件事。」

「事實上，由於這個因素，我決定把生意交給你們做。」他說。

這完全出乎我的意料之外。我們幾乎不曾當場就成交的。「好極了，」我說：「我想，你做了一個正確的決定。」

後來我回想這件事才明白，長期以來，我一直犯著一個錯誤。我以為倉儲業務是否成交，要靠老闆和執行長的決策。其實，關鍵角色通常是員工本身。即使他們並不負責開發客戶的業務，還是提供了客戶做這項決策所依據的所有資訊。來這裡的客戶本身也是員工，他們傾向於和其他員工打成一片，這也是他們對我們的文化有如此熱烈反應的原因之一。

這也是為什麼，有時候我們的現場員工也可以做成一筆生意的原因。從此之後，我盡量讓他們有機會這麼做。

師父的竅門

1 業務員是你在市場上的代表人。請確實挑選能夠好好代表你的業務員。

2 要小心大牌業務員（或說潛在的創業家），也不要僱用來自同業的業務員。

3 銷售佣金會造成公司內部的區隔，並阻礙你建立整體團隊。除非萬不得已，否則不要使用佣金制度，並盡快換成固定薪獎制。

4 所有的員工對業務都有影響，至少是間接影響。你可以用正確的訓練，教導他們如何發揮間接的影響力。

第15課

一定要找個好幫手

我們談了許多創業和事業成長上的活動、實務和紀律，但不管你處於事業經營中的哪個過程，都要面臨一個挑戰，那就是得到好的建議。我們都可能某天急需找個人，一個願意傾聽我們心聲的人談談，請他提供不同的觀點、建議，為我們指點迷津。通常這個人都不在公司內部。

即使你沒有那麼急迫，得到外界的觀點還是有所幫助，尤其當你被問題折磨得要發狂之時。畢竟，你認為的問題可能不是真正的問題，因此你所想到的解決方案可能也不是正確的解決方案。這種事之所以發生，部分是因為你離問題太近，而失去了整體觀。你看到某方面有些事不對勁，卻無法和其他方面所發生的事做連結，於是錯失了解決問題的良機。

此外，我認為我們每個人都會因為個性和技能，傾向於尋求自己覺得最舒服的解決方案，例如工程師傾向於尋求技術上的解法，會計師傾向於尋求財務上的解法，而業務員會尋求銷售上的解法——即使問題和銷售無關。

麥可·貝哲就是這麼個例子，我在第十一課談過他。我第一次見到他時，他的家族貨運公司一年大約做一百七十萬美元的業務，十年後成為一家貨運及倉儲公司，年營業額一千一百萬美元。有些他的司機是獨立約聘人員，從紐澤西港載大型貨櫃，送到當地倉庫，然後開櫃卸貨。有幾個倉庫是屬於麥可自己的，他的公司會為一些客戶提供倉儲服務。其他的客戶則有自己的倉庫。當他來找我時，後者正是他的困擾所在。

他說他正考慮要僱個業務員，這和處理那些只要他載送貨櫃，卻不用倉儲服務的客戶所造成的困擾有關。因為他們常常不及時開櫃卸貨，卻不付航運公司（貨櫃的所有人）的延遲金。空櫃超過五天才退回港口時，要扣延遲金一天六十五美元到一百二十五美元。貨櫃若是送到麥可自己的倉庫就不會發生這種問題，因為他的人會馬上卸貨。但自己有倉庫的客戶，會等到第五天的最後一分鐘才卸貨。當麥可的司機把空貨櫃載回港口時，航運公司的辦公室已經打烊了，於是麥可就要付出拖延一天的費用。

「你不能把這個費用轉給客戶嗎？」我問。

他說：「我試過了，很難。他們會說：『我們按照規定在五天內卸貨。如果你不能準時把貨櫃送回去，那是你的問題。』我也沒辦法，這個行業很競爭，如果我堅持要他們付延遲金，客戶就會跑掉。」

「那麼事先打電話，提醒他們在問題還沒發生之前先卸貨，你覺得怎麼樣？」

「是啊，我想應該可以，」他說：「但公司在這部分有另外一個問題。在我還沒收到司機的書面單據之前，沒辦法向客戶請款，而司機都不會準時把單據交出來。我經常追著他們要，才拿得到單據。對約聘司機，我還有點約束力，因為如果我沒有拿到單據，他們就拿不到錢，但對自己的司機，我只能不斷叮嚀。我恨死這種事了。」

我完全明白，因為我的司機也有這種問題。「那這和請個業務員有什麼關係呢？」我問道。

「我要多賣一些服務，」麥可說：「不止是倉儲服務，還有像是收貨與包裝等附加價值服務。」他解釋，有些客戶願意付費請他處理貨櫃的內容物。假設有一家服飾連鎖店收到一貨櫃來自中國的襯衫和洋裝，客戶也許會請麥可的公司來更換較好的衣架，並加上價格標籤，把衣服裝進塑膠袋，然後把不同款式與大小的衣服送到不同的分店。這就是他所說的附加價值服務，他認為，如果能把這邊的業務做起來，就可以放掉讓他頭痛的那部分業務。

談到這裡，先談一下他的背景或許能幫助你理解我要說的重點。在麥可的父親經營時期，這純粹是一家貨運公司。他和麥可有一個小倉庫以因應不時之需，他們從港口載貨櫃出來之後，經常要等候。如果他們不能在客戶打烊之前拿到貨櫃，就需要找一個地方讓貨櫃過夜。此外，有些客戶要求公司提供倉庫，不然就會把業務交給別人做。

麥可接掌公司後改變做法，擴大了倉儲業務，不為別的，只因為他想這麼做。他把倉儲看成讓貨運賺錢的附屬業務，他告訴客戶，他可以比其他業者更有效率地處理倉儲需求，在某些案子中，甚至比客戶自己的倉庫更有效率。一段時間之後，倉儲業務成長。他來找我時，已經擁有四座倉庫，還打算再增加一座。

然而，從他所說的話看來，在新計畫之下，他會把整個重點放在附加價值的服務上，這和倉儲服務不同，因此他必須尋找不同類型的客戶。於是我問：「到目前為止，你是怎麼抓到這些倉儲客戶的？」

「我幫這些客戶從港口把貨櫃載出來，」他說：「他們可能暫時沒有存放空間或不想要有自己的倉庫，我就成了他們的倉儲部門。」

「如果這一直是你新業務的來源，你不會停止這個業務吧？我的意思是，為什麼要放棄一個明明可以抓到客戶並增加業務的方法呢？你是這門生意裡的最大供應商嗎？」

「不是，」他說：「我是這附近最小的一家。」

「那麼，當你還有許多潛在客戶都沒談過，為什麼要停掉這個業務呢？」他沒有答案。

「告訴我，」我說：「現在是誰在負責銷售？」

「我，」麥可說道：「但我幾乎沒時間做業務，因為我被這些問題綁住了。」

「你最喜歡做什麼事？」我問道。

「我喜歡銷售！」他毫不猶豫地答道：「我**熱愛**銷售。我希望我能多做一些銷售工作。」

於是，我們看到一個喜愛銷售工作的傢伙，卻堅持要請別人來做。還有，要知道，在大多數的情況下，尤其你所販賣的是一種服務時，從僱用一個業務員到他產生績效之間有相當大的時間落差。此外，麥可想新增的業務，可能是他從未試過的銷售方式，銷售附加價值服務不同於提供倉儲空間給載貨的客戶。

這幾乎等於進入一個新行業，如果麥可說：「我想打開一條新業務，因為舊的業務線已經越來越難做了。我目前有不錯的市占率，我會盡量多做，但我認為該是嘗試新業務的時候了。」我會有不同的反應。如果他告訴我，客戶要求這個新業務，毛利率不錯，而且他不用投資太多的時間和金錢就可以提供這項業務，我也會有不同的反應。問題是，他目前做得很成功的舊業務，在還能提供不錯的成長機會時，只因出現一些紛爭就要放棄，這實在沒道理。

於是我說：「我認為有另一個方法你沒考慮過。我和你一樣，是個做業務的人，我也很討厭處理那些問題，但有些人會**喜歡**處理——例如提醒客戶清出貨櫃和要司機交出表單——這類事情，他們很擅長，而且起薪比業務員低，不出幾天就可以很快上手，不用像業務員一樣要花三、四個月。」

事實上，麥可可能還不必用到一個全職人員。他可以找個大學生，下課後再來打工就行了。他一週只要花三百或四百美元，就可以降低，甚至消除他生活上一大的苦惱。同時，他還會有時間去做銷售。

這是個簡單的解決方案，然而麥可卻沒看到，我對此並不意外。

他和大多數的企業家一樣，是個業務員，而當業務員碰到事業上的問題時，他們就會出於本能，想辦法得到更多的銷售，因為俗話說：「亮麗的業績解決大多數的問題。」他們還傾向於認為行政人員、會計人員和文書人員是「沒有生產力」的員工。但這些人做的事，幾乎和賣東西一樣重要，他們可以讓你留住現有客戶。當你因為不能及時完成文書工作而延遲收款，客戶會不高興。當他們收到一筆罰單，不管責任歸屬於誰，只因你從來都沒有提醒或告訴他們如何避免這張罰單，所以他們會不高興。而當客戶不高興時，我們都知道下場如何。

毫無疑問，麥可真正需要找一個業務員的時機總會來臨，但其動力來自他看到機會，想要去追求這些機會，而不是來自經營事業上的惱怒。

別找會計師做營運建議

儘管外界的觀點通常很重要，但你在向某些類型的專業人員尋求事業建議時，還是必須非常小心。我把會計師，列在這個名單上的頭一個。

我對會計師一點兒都不討厭。我自己就是學會計的，我知道他們有很重要的功能。但找會計師提供事業決策上的建議，一定是個壞主意。基本上，會計師是歷史學家。這就是他們所受的教育，也是他們的思考方式。他們在解釋過去所發生的事件上，非常在行。但創造未來的事件呢？算了吧。他們甚至不知道問什麼問題才對，更別提從他們身上得到你要尋找的成果了。

我們來看看年輕創業家肯恩的例子，他找我幫忙處理現金流量的問題。他印了一本書，是為在紐約市開餐廳的人所做的年度指南。書中提供如何取得許可證、買廚房用品、找外包商等資訊，於是欠了一家印刷廠二萬五千美元。肯恩所賺的錢，有一部分來自賣廣告欄位給供應商，但主要是靠賣書給廚師和餐飲業者。問題是，他書賣得不夠多，他印了一萬本，還有八千五百本左右沒賣出去，而且眼看就要過期了。

他的狀況很不好，他沒有現金，整倉庫賣不出去的書，憤怒的印刷廠還威脅說，如果他不付錢，就要採取法律行動。同時，肯恩必須立即開始下一輯指南的工作，要不然事業就完蛋了。但下一輯他要怎麼印呢？而且，如果第一家印刷廠到法院告他怎麼辦？他不知道下場會如何。

要知道，這是一個誠實、苦幹的孩子，才二十出頭。他從未被告過，也從未想過會發生這種事。面對訴訟對他而言，完全是個震撼。他不是恐慌，但非常、非常懊惱。我讓他冷靜下來，並告訴他，我願意幫他找到解決辦法。

說到這裡，肯恩是怎麼搞到這步田地的，任何一個有做生意經驗的人都會很清楚。他是過度樂觀的受害者，數字可以把你帶回現實，讓你免於過度樂觀，但你必須問正確的問題，數字才會救你。而要問正確的問題，通常你必須有個和你的事業沒有情感瓜葛，並知道要問什麼問題的人從旁協助。

肯恩認為，這份指南可以賣出一萬本。我問他，在這個行業裡，銷售季節有多長。他說大約四個月。換言之，他有一百二十天來賣這些書，假設他一個星期工作七天，等於平均一天要賣出八十三本。他怎麼可能辦得到？好吧，他認為自己可以靠廣告郵購賣掉一些。紐約市有一萬二千家餐廳，即使回應率非常好，譬如五％，那他還是只賣掉六百本。因此，絕大多數必須靠人工推銷，而這要他一天打好幾百通推銷電話，且成功率要接近七八％。即使一天工作十小時，他平均一個小時也要打十通電話，相當於每六分鐘一通。不可能。超人也辦不到。

那麼，為什麼以前沒人指出這點？我問他在創業之前，是否有找人給他建議。他說：「只找過我的會計師。我把所有資訊都拿給他看，他根據這些資訊做出一份現金流量表，顯示一切可行。」說句公道話，在這個例子裡會計師並非一無是處，他做的就是會計師該做的事。你把資訊交給他們，然後他們把資訊化成不同形式再回饋給你。除非你根據過去的績效做預測，否則他們不太可能質疑你的假設。畢竟，他們習慣處理的是歷史資料，當你告訴他們，你打算在四個月裡賣一萬本書，他們會把這當成一個事實。

如果你要事業上的建議，就必須找個曾經經營事業頗長一段時間的人，我說的，是真正在營運、賣東西的事業，而不是靠證照或專業資格所取得的業務。不幸的是，大家並沒有善用身邊的資源。

就以肯恩來說，他知道有個人從事相關行業：賣產業指南給電影業，但他們從未交談過。後來，肯恩發現這個人一年賣七千本，而且是在這行做了十年之後的成果。還好，肯恩的錯誤還不到無藥可救，他擬了一份每月償還二千五百美元的還款計畫給印刷廠。印刷廠被他的誠實所感動，答應再為他印新指南。從此之後，肯恩有事業上的問題會向生意人請教了。至於會計師呢？他做他所擅長的事：處理肯恩的稅務。

律師很聰明，但他們不是生意人

我覺得，向律師請教事業問題，也有同樣的問題。每當一筆好合約告吹，或是一場條件不錯的談判變得荒腔走板，大家通常把罪怪到律師頭上，而他們通常也是罪如所控。然而問題之所以發生，十之八九是因為客戶允許律師為他們做事業決策，但絕大多數的律師都不夠資格做這種事。聰明的律師了解這點，並限制自己只提供法律意見。不怎麼聰明的律師則會火力全開，把事情搞砸。

我認識一個多年來一直想開零售店的人，姑且稱她為波莉。她認為自己需要募集一百五十萬美元左右的資金，並列出幾位口頭上答應提供大部分資金的投資人名單，但他們還沒開始討論合約，而且錢也還沒投進來。在此同時，波莉找到了一個她認為很理想的地點。當她把這件事告訴投資者時，他們表示也要參加租賃契約條件的談判。波莉決定和房東開會時，帶其中一位一起去。

結果，那是個糟糕的主意。這位投資者要逐條詳細討論合約，而且，他提到這個房子需要大幅整修，估計要花十萬美元才能讓這棟建築符合法規，並堅持租金要據此調整。房東聽了大為光火，他認為自己做修繕只要二萬五千美元。事後房東告訴波莉：「下次你自己一個人來。你是決策者，對吧？我不需要和其他人談。」

於是波莉有了麻煩。她原本預期帶這位投資人去開會，可以讓他在某種程度上同時了解租約和投資合約，但顯然不是這麼一回事。她應該先處理哪一邊？這是個雞生蛋、蛋生雞的狀況。如果租約沒簽下來，投資人就不會給她錢；但除非房東有信心波莉能夠照著合約走，否則絕不會簽約，可是如果投資人沒有出這筆錢，波莉就無法給房東保證。

波莉認為，自己必須和律師討論這件事，只因為律師參與了她所簽的任何合約，包括租賃契約以及投資合約等的擬稿和核閱工作。而律師說，波莉應該先處理租賃契約，他說：「你的資金有限，在還沒確定租到房子之前，花錢請我處理投資合約是沒有意義的。如果租約沒簽成，你會浪費許多你賠不起的錢。」波莉覺得有道理，當她來找我時，她正打算開始和房東談租約。她想知道我的看法。

我聽完她的故事之後說：「通常我不告訴人家要怎麼做，但這次要破例了。律師不是生意人，律師給你的建議，是我聽過最糟糕的。你絕對**不要**先簽租約，你應該先做投資文件。如果不這樣做，我可以保證這個案子一定做不成。」波莉大吃一驚。「聽好，」我接著說：「你說最大的潛在投資者是個凡事錙銖必較的人？」她點頭。「你還告訴我，房東是個大而化之的人，只想把事情處理掉？」她點頭。我說：「好，請從生意人的角度看這件事。你去談租約，而且準備要簽了。接下來你會做什麼？」

「我會接著處理投資合約，把合約拿給投資人簽，要他把錢給我。」她說道。

「你要把合約拿去給凡事錙銖必較的人，並期望他馬上給你錢？」我問道。

「不，這是不可能的。」她說。

「沒錯，不可能。」我說：「他會要求修正。如果我是主要投資者，我想我也會這麼做。那麼，你的房東會願意等個三十天、六十天，甚至九十天，讓你去籌錢嗎？」

「不會。」她說。

「沒錯，」我說：「他會說：『等你有這筆錢之後再來說。』即使你很快就拿到這筆錢，你在他的心中已經種下了不信任的種子。你原先說自己有這筆錢，然而你卻沒有。他必須思考是否可以信任你未來十年都會付錢給他。你的可信度已經喪失。你了解整個想法了嗎？」

「開始了解了。」她說。

我說：「你的律師不該給予事業上的建議。他不想浪費你的錢，這很好，但他會在過程中把案子搞砸，因為他並非從大局著眼，而且沒有考慮相關人員的性格。他的說法是：『為什麼要花不必要的法律費用？』這是律師的想法，而不是生意人的想法。如果這是我的事業，我會先把投資合約弄好，並告訴投資者：『我們先簽這個吧，我用附帶條件把錢存在一個信託專戶裡，等你們同意承租案才能動用。萬一這個案子沒有做成，你們可以連本帶息把錢拿回去。』然後你可以告訴房東：

『我在銀行裡有一百萬元，等租約通過了就可以動用。你不必擔心是不是拿得到錢。』這就很不一樣了，對吧？」

「是啊，」她說：「我沒想到這點。」

「投資者對他們的投資有什麼要求嗎？」我問道。

「我們還沒討論過。」她說。

於是我真的確定了，律師所給她的是個糟糕建議。如果你曾經試著募集資金就會知道，投資的口頭承諾和書面承諾有很大的不同，而書面承諾又和真正拿錢出來差距更大。人們總在最後一分鐘提出各種藉口，解釋為什麼資金不能依照他們的承諾到位。「我不知道你這麼快就要錢」、「我才被融資追繳了一大筆錢」、「我太太不答應」、「我的狗把支票本吃掉了」……諸如此類。拿到錢，是波莉所面對的最大障礙。

在投資人還沒把錢存進信託專戶實現承諾之前，花時間去處理租約是沒意義的。而且，一旦他們把錢拿出來之後，就算最後波莉所找的這間房子不能談到他們所能接受的條件，她還是有其他路子可走。她總是可以回去對投資人說：「這個案子沒有談成，但如果你們還有興趣的話，我還有另一個方案——當然，還是要得到你們的同意。」

律師不會這樣思考。他們所受的訓練是把焦點放在保護客戶上，而生意人把焦點放在達成目標上。律師認為他們的主要責任，是確保客戶不會暴露於潛在的不利條件中。生意人知道，有時候你必須暴露於潛在的不利條件中，否則什麼事都做不成。也就是說，波莉的律師給了壞建議，不能全怪他，波莉也有錯。她應該問的是：這麼做或那麼做之後，會得到怎樣的可能結果？並由她自己來決定該怎麼做。為什麼她沒這麼做？我猜是因為她和許多初次創業的人一樣，還沒準備好為自己的決策負責。一旦你真正了解並接受這個責任，你就會對該找誰提供建議變得非常挑剔，而你不會去找那些只知道叫你不去冒險的人。

必須記住，律師不是生意人，雖然許多律師讓你相信他們是。事實上，從事法務工作，會導致人們發展出與成功經營事業所需的**相反**習慣。我也無意貶低律師，我大學畢業後就進入法學院，而且我認為這是自己所做過的最好的決定。法學院教了我各種技能，對我的事業很有幫助。它讓我知道如何把問題拆解分析，並找出解決方案。它教我如何做研究，並強迫我發展出一套心智紀律，不管我後來決定做哪一行，都很有幫助。而且由於我有法學素養，在處理生意合約上，我就有了優勢。我可以了解法律文件在說些什麼，而且發生法律問題時，我知道怎麼一回事。我還在開會時得到某種尊敬。最重要的是，我了解律師的想法，以及律師的想法如何限制他們做出優良事業決策的能力。

其實，在我從事法律工作的短暫期間裡，我就發展出一些剛才提到的心智習慣。我學到注意細節的重要性，寫字時一筆一劃都不遺漏。我學到徹底找出將來可能對客戶不利的每一個問題，並確保客戶得到保護。

但當我做生意之後，我必須發展一套完全不同的心態。我沒辦法太細節導向，或專注在太狹隘的事物上。我必須把決定最後成敗的所有變動因素都放在心上，而且必須為了達成目標，而願意有所取捨。我還是會試著預先設想問題，但把眼光放在如何處理問題而不是保護自己、免除這些問題上。身為一個生意人，我知道問題可以是偉大的老師。它們沒有阻止我，而是給予啟示。我在解決一個接著一個的問題中，得到很大的快感。

我很幸運，沒有長期從事法務工作，所以能順利轉型。我猜，大多數律師執業十或十五年之後，就極難改用生意人的方式思考。同理，我在想自己現在還能不能當個非常好的律師。我做生意已經太多年了，這樣的思考習慣已經根深柢固。

這就是為什麼我做大決策之前，總要尋求最好的法律意見。我需要有人提醒我可能忽略的東西，但我對律師都說得很清楚：「我只要你好好地給我法律意見，就這樣。你可以保護我，向我解釋我所做的每一項決策，會造成哪些可能的法律後果。我不要你從事業的觀點告訴我該怎麼做，我另外有可靠的人可以提供事業上的建議。」

你會很意外，有些律師難以遵守這些規則。我曾經有個律師說我瘋了，竟然要花二萬美元去打一場我事先就知道會輸的官司。他堅持這是個差勁的事業決策，我相信值得花二萬美元去表達自己某種主張，並避免未來再遇到類似問題。這名律師無法接受，所以我請他走路。

但大多數好律師都可以接受我的條件。我長期合作的律師霍華，就是其中一個。他做的正是一個律師對企業客戶所該做的事，他解釋各種法律條文的意思，釐清我的法律責任，並說明如果我採取某項行動會有什麼法律責任。他讓我知道我冒了什麼風險，並指出我所做的其他承諾，例如，某些銀行附加條款，可能會產生什麼糾紛。

我相信這就是所有生意人應該向律師請教的意見。是的，有時候你需要事業上的建議，這時候，你要向有經驗的生意人請教。你不只會得到比較好的意見，或許還不用付鐘點費。

有了穩定收入，你什麼事情都能做

徵詢有商務經驗人士的需求，並不會隨著你公司的成長而消失，但很多人沒辦法從日常運作中，吸收這些人。我在城市倉儲成長的關鍵點上，卻能夠解決這個問題。我之所以能夠解決這個問題，是因為我用了一個生意上的重要法則：只要有穩定的收入，你幾乎可以做任何事。這個收入不必和你所期望一樣多，甚至不必達到你的需求。重要的是，你一個星期接著一個星期、一個月接著一個月，都可以依賴這筆收入。沒有固定的資金流量，你就會經常偏離目標。有了固定的資金流量，就可以自由地專注在你最喜歡的事物上，並好好地做。

你或許會認為，每個人都知道這個法則，但其實，許多人卻做不到，包括時下一些最聰明，也最有才幹的專業商務人士，也就是我們大多數人都想請他們來領薪水的那種人。他們是經營過事業、做過案子的高階經理人，他們有知識、有人脈、也有經驗，可以把公司提升到下一個階段，如果你請得起他們，那就好辦了。只是大多數的小企業老闆認為，自己請不起這些人。

然而我發現，在穩定收入法則的協助下，你絕對可以簽下這種原本請不起的人才，而且不用花半毛錢。這怎麼可能？因為這種高級人才可以帶來超過他們薪水好幾倍的效益，他們只需要你給予發揮表現的空間。

我要告訴你班・旭同的故事，他有幾個案子做得不順，賠了一點錢，於是來找我。他兩個孩子要繳學費了，才突然發現自己急需現金和一個工作，問我願不願意僱用他。班是我認識的最會做案子的人，他靠購併、協助公司上市和募集資金等，賺了好幾百萬美元。多年來，他擁有並經營各式各樣的事業。他能銷售、能談判，能做所有我能做的事，但從來都沒學到穩定收入法則。結果，他總是不穩，只要接到幾個壞案子，就毀了。

現在他終於毀了，我當然要幫他，但我馬上知道，請他進來當員工絕不可行，至少不能是一般人所認為的員工。班是個創業家，即使我能夠按照他的身價付錢給他，比方說一年超過三十萬美元，他也不可能全心全意奉獻在我交辦的工作上。當然，他會試試看，但沒多久他就會分心去搞自己的案子，追求自己的計畫，而我就會很生氣，於是我們就會吵架，而其他員工會開始說閒話。那會搞得一團亂。

於是經過一番思考，我提出我的條件：「我了解你，你不需要一份工作，你需要的是穩定的收入，讓你回去做你喜歡做的事，也就是做案子。所以我要僱用你，但不是全職，而是給你一些專案去做。你不用在我的辦公室裡上班，你可以有自己的行程。只要你把我的專案管好，你可以在外面做所有你喜歡的案子，但你所做成的案子我要抽成，以做為回報。」

我不只是當個好人而已。我知道，即使班只是兼職，我仍要付給他六位數字的年薪，而這樣的費用，必須讓公司在財務上產生合理效益才行，否則我就不能帶他進來。

但剛好我那陣子在紐約州立法院的體系做了一筆生意，一年營業額有二十五萬美元。我需要有人在這塊領域擴展業務，這個人要能夠和高級司法官員打交道，並把我們的服務銷售給這個體制裡的其他單位。如果班沒來，我就必須一年花五萬美元請個業務員。從這個觀點看，我多付給班不少錢。然而，再一次，我知道會得到怎樣的成果，我有充分的期待，希望一段時間之後，我們所付給他的錢，會得到三或四倍的回報。

他沒有讓我失望。他在八個月內就把我們的業務擴展到法院體系內，足以支應他的薪水，而且從此之後，還持續付給我們龐大的紅利。在四年之中，我們那部分的業務從一年二十五萬元成長到一百萬元以上，大部分來自班的努力。同時，他找到兩個非常大的客戶，並幫我們完成第一回合的融資案。沒有他，我就必須找外面的人來做這個案子——成本大約五萬美元。他還從州政府促進貧民區就業計畫中，為一座新倉庫拿到八十萬美元以上的業務。

後來，我以同樣的方法僱用山姆．克普蘭。說服山姆比說服班容易，因為山姆已經知道穩定收入法則，他大約在五分鐘之內就帶給我超過薪水的績效。我們要蓋一個新設施但找不到融資，我問他的建議。他看過計畫之後，建議我們做幾個簡單的改變，我們在兩個月之內就得到融資。沒有他的建議，我們就必須用租賃的方式才能得到所需的空間，他當場就幫我們未來十年每年省下至少十萬美元。

於是我得到了兩個一流人才，提供了通常要花公司數十萬美元的建議和服務。當然，我在商場上打滾了三十年的經驗，對交到像山姆和班這樣的朋友有些幫助，但像他們一樣有能力的人，到處都是。把公司賣掉卻還不打算退休的企業所有人，或是正在尋找一個棲身之所，以便做案子的有經驗企業人士，全國幾乎比比皆是。

這些人代表一個大多數中小企業都忽略的人才來源。在此，我說的不是在草創階段，或是非常年輕的中小企業，他們需要的是亦師亦友的協助，要不然就是顧問委員會。就服務業而言，小有規模（資本大約五百萬美元以上）的公司裡，你要的是既能夠執行，又能夠提供意見的高階主管，而且你可以把他們當成內部人員，討論公司所面對的重大課題。

難就難在，如何留住他們。有時候你必須把自己的需求擺在一邊，而專注在他們的需求上。你必須創造一個讓他們快樂的環境。畢竟，他們不會因感恩、忠誠，或需要這個工作而留下來。只有當他們能夠賺錢，又覺得有趣時，才會留下來。

把他們想成一人公司，當你僱用他們的時候，就相當於對一家公司做投資。要得到報酬，你必須給他們經營事業所需要的發揮空間。你可能會覺得這很困難，我當然也一樣。我經常被班氣得要死，他有自己的行程、自己的構想、自己的做事方法，這讓我發狂。我會回家大聲罵給伊蓮聽。「這個白癡！淨做些蠢事。」忍耐他的行徑，是最困難的部分。很有趣，不是嗎？我們把有才華、有創意的人帶進來，因為我們要新鮮的想法，而當他們把新鮮的想法提供出來的時候，我們卻難以接受。

最後，班離開去發展自己的專案，但離開之前，已經對公司做出龐大而持久的貢獻。另一方面，山姆決定留下來，成為我的合夥人。

師父的竅門

1 當你為一個問題掙扎時，請尋找外部的看法，以確定你所認知的是一個真正的問題，並針對問題提出解決之道。

2 會計師善於解釋過去已經發生的事，但別向他們請教事業營運問題。找個有經驗的企業主談談。

3 律師的職責是告訴你某個決策或某個行動所產生的可能法律結果，不是給予決策建議。

4 你的小公司請得起世界級的高階經理人，只要你願意創造一個既能讓他們賺錢，又能讓他們感到有趣的環境。

第16課

徒弟準備好了，師父便會出現

在事業上，不論你走得多遠或學到多少，你永遠無法知道所有的事物。事業是一種永無止境的冒險和學習。我在職場生涯裡的老師之多，不可勝數。他們有些是良師益友和顧問；有些是我曾經見過的人；有些則是我這一路上得到的經驗。他們都教導了我用來改善自己和公司的課程。

例如，到我布魯克林辦公室來的訪客，我總是依慣例陪同隨行。當他們要離開時，我便穿上西裝，送他們上車。訪客通常會說：「沒這個必要。您是大忙人，我自己知道怎麼走。」

我說：「不，有這個必要，路上我解釋給你聽。」然後我會說一個我會見約旦胡笙國王的故事。

那是一九九〇年代中期的事，我當時是西門．文森索基金會（Simon Wiesenthal Foundation）的董事，由基金會安排了一趟約旦之旅。胡笙國王邀請我們會見他和他太太諾爾皇后（Queen Noor），我們總共七個董事，由西門・文森索中心的創辦人馬文・海爾（Marvin Hier）帶領，來到約旦首都安曼。當他們說國王準備要接見時，我們已經在那裡好幾天了，正搭著主人所提供的禮車到處遊覽。

司機依約定時間載我們到皇宮，然後被接到皇宮裡的一個廳室。廳堂中間有一張很大的橢圓桌，主位擺了一張國王的座椅。禮賓司長安排我們到一條接待線上，等待國王駕臨。「國王要親自接見各位。」他說。

幾分鐘之後，胡笙國王、諾爾皇后和隨行人員出現，然後開始介紹。國王走到接待線，稱呼我們的名字和我們寒暄。「喔，布羅斯基先生，」當他走到我面前時說道：「我知道，您是來自紐約的商人。」

我有兩個反應。第一，我受寵若驚。想到約旦國王知道我是誰，從事什麼行業，就覺得很窩心。第二，我非常震驚。我想，他一個星期應該有二十到三十場這種會面。顯然他這次有事先準備，他是否每次都如此？

介紹完之後，我們圍著桌子坐下來，和國王及皇后聊了一個小時左右。最後國王說：「實在很抱歉，我還有另一個會，現在必須離開了。我要感謝各位大駕光臨，請繼續享受在敝國的其餘行程，我送各位上車。」

我從未被一國之君送行。而且，這次走的路還相當長。我們穿過長廊，再搭電梯下去，胡笙國王一路上陪著我們說話。到了皇宮正門外，他停下來讓我們在上路之前攝影留念。

「這真是難以相信。」我對禮賓司長說。

「什麼難以相信？」他說。

「國王送我們上車。」我說。

「這只是普通的禮貌。」他說。

事後我把他的說法思考了好幾天。如果國王送我上車只是普通的禮貌，如果他在會見我們之前，先了解我是誰只是普通的禮貌，難道我就不能同樣對待來看我的訪客嗎？胡笙國王帶給我對他和他的國家的感受，正是我要客戶對我和我的公司的感受，那就是窩心。我要釋出我很關心他們的訊息。這就是發展長期關係的方法。

因此，我從約旦回來之後，除了許多美好回憶之外，還得到兩個很了不起的生意竅門。從此之後，當以往不認識的人要拜訪時，我一定要求自己事先對他們的來歷有些許了解，至少要足以建立用來打造密切關係的橋梁。而且會面結束時，我會送他們上車。

這就是我得到生意點子的典型方式。不管到哪裡，我隨時都在吸收點子。我認為我所見到的每一個人，都是改善經營事業訣竅的潛在來源。我不是逼著人家給建議，而是仔細觀察他們怎麼做及對周遭人員的影響。結果，我經常發現一些自己可以做的新事物，改善我對公司內、外部人員的關係。

再舉另一個例子。不久之前，我到紐澤西州的普林斯敦，決定到當地的服裝店看一下。我不喜歡購物，但很愛看業務員賣東西。他們是好是壞都沒關係，我都可以向他們學習。我甚至喜歡跑到度假別墅去聽業務員的推銷話術，對我來說，這純粹是娛樂。

結果，普林斯敦這家店堪稱是天堂。為我服務的業務員是我所見過最好的一個，他不催促、態度友善而親切。他讓我覺得，他真的很關心我如何能穿出最佳風格。通常，我買服裝時非常挑剔，但當我遇到一個好的銷售員時，不管是不是有需要，我會什麼都買。這次我買了兩套外衣和一件運動夾克，全寄回辦公室。離開時，我們互道感謝。

三天後，我收到這名銷售員的字條，感謝我光臨他們的店，表達他很高興為我服務，並請我將來需要他服務時，一定要告訴他。那不是一封制式信函，不是電腦打的，是他親筆寫給我的字條。我把這字條交給我太太伊蓮說：「這不是很奇特嗎？」她說：「我們必須開始這麼做。」我同意。此後，對所有新客戶，伊蓮都親筆寫信，歡迎他們來到我們公司，並請他們如果有需要，可以直接聯繫我們。

我知道，有些人會質疑這種手法的重要性。他們會問，送客戶上車或寄親筆信，真的那麼重要嗎？客戶關係建立在價格、服務和優惠上。如果你無法在這些項目上競爭，甚至會被淘汰。這點我不反對，但長期關係可不只是這些基本的東西。

任何人都有可能在價格和優惠上和你相抗衡甚或勝過你，而每個人都承諾提供優越的服務。如果你想抓緊客戶，必須做得更多。你必須讓他們有理由留下來。最好的理由就是他們愛你、信任你、想和你做生意。建立這樣的關係沒有魔術，而是做一些可以建立忠誠和信任的簡單小事——打電話給客戶、拜訪他們、關心他們，在往來了五或十年之後，依然對待他們如同新客戶一般。

問題，會讓你更有智慧

如果你願意學習，問題可以是管理智慧的另一大來源。不幸的是，大家經常把問題當作只出現一次去處理，而不檢視根本原因。結果，他們沒學到問題想要教導的課程。

看看我和伊蓮好幾年前，到達拉斯一家熱門海鮮餐廳用餐的經驗。這家餐廳雖然已經客滿，我們也沒有訂位，帶位領班認為他可以在大約二十分鐘之內讓我們入座。我們跑去吧檯，伊蓮點了一道鮮蝦盅。鮮蝦盅還沒上來之前，領班就過來說他已經幫我們找到座位，在陽台邊，可以俯瞰大廳。

「我剛剛才點了一道鮮蝦盅。」伊蓮說。

「沒問題，」領班說道：「我會請人送到您的桌上。」

我們一坐到新位子，鮮蝦盅就來了。伊蓮嚐了一下沙拉醬，發現太辣。她拿起桌上的番茄醬，想稍微稀釋一下醬汁。當她打開瓶蓋時，爆出很大的一聲，番茄醬噴出來，沾滿了毛衣、襯衫、裙子和整個手臂。伊蓮嚇得呆坐在那裡，全身是番茄醬。女服務生跑來說：「非常的抱歉！」說著，並把紙巾遞給我們。「我來幫您，」她熱絡地清理。「如果您明天把衣服帶過來，我會請人幫您清洗。」她說。

不久經理就來了，他也向我們道歉。他把一張椅子上的番茄醬擦掉，並坐下來。「非常抱歉發生這種事，」他一邊說一邊遞給我名片。「清洗費的帳單就寄給我吧，我保證把這件事處理好。」

伊蓮和我都相當感動。每個企業，包括我的企業，在服務客戶時，都會有意外、無可避免而夢魘般的失控事件。如果我們是受害的客戶，我們所要求的，主要就是他們表現出道歉的誠意，並盡量補償我們的損失。如果這位經理做到這個程度之後就離開的話，我們會相當滿意，但當他起身要離開時說：「從某方面來說，你們很幸運。」

「您的意思是？」伊蓮問道。

「上次發生這種事時，那個人的頭髮上全是番茄醬。我們必須送她去美容院。至少，您只是沾到衣服而已。」

「你的意思是以前也發生過這種事？」我問道。

「是的，」這名經理說：「還相當頻繁。我們餐廳的這個區域在白天會非常熱。我們要求女服務生把番茄醬的蓋子鬆開，讓裡面不會產生壓力，但有時候她們會忘記，當客人打開時就會爆炸。」說完之後，他便告退離開。

伊蓮和我不知要大怒還是大笑一場。這真是讓我們目瞪口呆，我可以想出各種方法以確保客人不用再忍受番茄醬炸彈，例如每天晚上把番茄醬拿到樓下去、買個小冰箱放在陽台邊，然後白天把這些瓶子擺在冰箱裡、把番茄醬放到開放式的容器、只有當客戶要求時，才送上番茄醬等等。但這家餐廳卻提不出任何解決的辦法，任憑瓶子繼續爆炸、番茄醬繼續飛濺、員工繼續清理善後並道歉，而受害者繼續把他們的遭遇告訴每一個他們所遇到的人，從而讓一起應該是單一事件的尷尬事故，轉變成不斷延燒的公關問題。當你不從錯誤中學習時，下場就是如此。

這起番茄醬事件，當然是極端的例子，但這卻絕非罕見。當你被淹沒在一大堆問題裡，很自然地會先專注在眼前的危機，去應付它，然後接著處理其他需要注意的問題。

我認識一對擁有一家生產女裝公司的夫妻，他們為了確保手上總是有足夠的庫存以滿足需求，習慣生產多於所需的衣服。無可避免地，他們最後就有上噸的多餘庫存，然後這些庫存只能賠本販售。這個做法可以比解決根本問題（沒有能力做正確預測）更容易也更快速，於是他們年復一年都採取這個做法——直到倒閉為止。

事實是，如果你不把問題的根本消除，問題便只是暫時離去。因此，我試著在公司裡引進某種紀律，提醒大家，解決問題有兩個步驟。第一，你必須先止血，也就是收拾善後並把傷害減至最低。第二，你必須去思考為什麼會發生這個問題，並確保它不再發生。

舉一個檔案倉儲公司早期的例子。當時我們收到許多的箱子。為了記錄這些箱子，我們建構了一套條碼系統，讓我們可以辨識每一個箱子並指出存放位置。這樣做之後，箱子擺在哪裡都沒關係。有需要時，我們總是能夠把箱子找出來。

然而，沒多久之後，我就開始接到一些客戶打來的電話，抱怨我們把一些箱子搞丟了。起初，我抱持懷疑態度。我相信我們的系統，所以我認為比較可能是客戶的紀錄錯誤，而不是我們把箱子搞丟了。但當我們在倉庫裡找到一些遺失的箱子時，我知道有問題了，於是我們開始設法解決。

首先，我成立一個小組去調查失蹤的箱子。我們必須徹底檢查整個倉庫，一一掃描每個地點的箱子，然後和電腦裡的明細做比對。幸好，我們當時箱子還不多，尚能執行這項工作。幾年之後，要這麼做會非常困難。

我們真的找到箱子了，我想，我們可以就此告個段落，並希望這種事不再發生。但這樣並沒有觸及問題的根源，於是我下令在還沒找出原因之前，不可以再放新箱子進去，我還成立另一個小組去找尋原因並提出解決方案。

這件事沒有花很久的時間。在檢討記錄箱子的流程當中，我知道我們犯了一個基本錯誤：我們沒有考慮必然會發生的人為疏失。我們的工作沒有複核的機制，司機從客戶那裡把箱子載回來送到倉庫後會直接上架。我們沒有設一個檢查點，把工作暫停，先數數有幾箱，以確定我們從卡車上所卸下來的箱數和從客戶那收到的箱數一致，或我們處理上架的箱數和從車上卸下來的箱數吻合。

很清楚，我們的箱子儲存作業必須增加一個步驟。我們決定以後車子回來時，要把所有的箱子放到暫置區並做標示。我們把這區箱子上的條碼掃描起來，下載到電腦裡，然後把這些箱子移到永久區，並再做一次條碼掃描。把永久區箱子的明細下載之後，電腦就將此資料和暫置區的明細做比對。如果兩邊不合，我們馬上知道錯誤，並能立刻想辦法解決。

有了這個新系統，我們就解決了箱子遺失的問題。我們最後又加上一道防護措施，買了一套可以讓司機在客戶那裡就掃描條碼的設備。結果現在我們對客戶和卡車之間、卡車和暫置區之間、暫置區和貨架之間都進行比對。是的，理論上還是有可能遺失箱子，但我們已經好幾年沒發生這種事了。

重點在於，你除了治標之外，還要治本，否則就沒有真正解決問題。雖然這看起來理所當然，但大多數人每天在經營壓力下，傾向於忽略這點。你如何確保自己把這點牢牢放在心上？我的建議是讓你和員工養成一個習慣，去問：「這個問題當初為什麼會發生？」

還有，下次你到達拉斯的熱門海鮮餐廳，打開番茄醬時切記小心。

一位法官給我的教訓

在我職場生涯初期，一名法官給了我一個至今仍然受用的教訓。

我當時二十三歲，剛從布魯克林法學院畢業。雖然我已經通過律師考試，但還沒成為一個成熟的律師。在那個年代，通過律師考試之後還要六到八個月，才會受律師公會認可。我和大多數的年輕律師一樣，這段期間就到一家律師事務所實習，我擔任執業律師的「入會儀式」，就是在這家事務所舉行的。

入會儀式發生在我上班的第一個星期。一天下午，大約五點半左右，我準備要回家時，我的律師老闆交給我一大疊檔案，要我隔天到法庭代表他為客戶做提案。我嚇了一跳。

「你要我進法庭？」我說：「我從未進過法庭。」

「別擔心，」他說：「這沒什麼。只要九點半到就行了。」

「九點半！」我看著這疊檔案說：「你要我今晚把這些全部讀完？」

「不不不，」他說：「你什麼都不用讀。不會有事的。當法官叫到這個案子時，你就說：『提案。』法官會說『我會納入考量』這類的話，然後你就可以離開了。」

「好吧。」我說，但還是很緊張。第二天早上，我坐進紐約皇后區法庭的旁聽席，裡頭非常昏暗。我覺得裡面的人看起來都好像九十多歲。法官進來時，我們全體起立，我覺得他看起來也像九十多歲。我一直等到我的案子被唱名，這時，我傾身向前，試探性地說：「提案。」

在我出聲時，法官戴上他的眼鏡，往我這邊看過來。「是你嗎？孩子。」他說：「剛剛是你在說話嗎？」

我的胃部緊縮。「是的，庭上。」我說。

他伸出瘦長的指頭指著我，往回勾了勾。「過來，」他說。我起身從通往法官席的中央走道走過去。我可以聽到周圍的人都在偷笑，法官一直等著，直到我站在他的正前方。「現在……」他慢慢地說，從法官席上瞪著我：「這是你第一次進法院嗎？孩子。」

「呃……是的，庭上。」我說。我聽到旁聽席上的笑聲。

「律師公會承認你的資格了嗎？」法官問道。

我當時應該是滿臉通紅。「還沒有，庭上。」我說道。笑聲更多了。

「好吧，孩子，告訴我這個提案的內容。」他說。

我既結結巴巴又惴惴不安。「喔，我，呃……那是有關……我的意思是，我們這個提案……喔，不是我們，是我的律師老闆……」

法官把我打斷。「你根本就不知道這個提案的內容，對吧？」他說道：「你沒準備就進到這個法庭來，是吧？光是這個理由，我就該把這個案子駁回。」

一陣哄堂大笑。我覺得非常難堪，真想鑽到地下。「是的，庭上。」我說。

「我不駁回此案，但我要給你上現實世界裡的第一堂課，」法官說：「絕對、絕對不要沒有準備就進來我的法庭。」他忿忿地瞪了我好一陣子，讓這個教訓更加深刻，然後不屑地揮揮手。「現在，滾滾滾。回去告訴你的老闆，你今天表現很不好。」

我轉身夾著尾巴離開。每個人都笑翻了。我聽到有人說：「他還有另一個案子。」我盡快離開法院，開車回辦公室。我走進辦公室時，老闆臉上掛著滿滿的笑容。「法庭裡有沒有發生什麼事啊？」他問道。

「你知道怎麼一回事！」我說。他笑個不停。

所以，我被設計了。我後來才知道，這名法官以專門教訓菜鳥律師而聞名。這個經驗極為痛苦，我發誓以後絕不讓自己再受這種羞辱。接下來幾個月，我跑了好幾十場這樣的聽證會，並說「提案」好幾次。沒有任何一位法官問過我提案的內容，但如果有必要，我都能夠回答。我把檔案讀過了。我有準備。

直到我從商，充分準備的習慣已經成為我的第二天性，事實證明，這是一大競爭優勢。我發現，我的銷售成交率明顯高於競爭對手，只因我比他們更了解客戶、客戶代表人，以及和銷售案有關的所有面向。這個道理今天依然成立。對於來參觀我們設備的潛在客戶，我們的成交率在九五%以上，這不只是因為我們有很好的倉庫、漂亮的辦公室，和了不起的員工而已（雖然這些都很有幫助），也因為我們準備得很徹底。客戶來到之前，我會上網盡量去找和他們組織結構、使命、歷史有關的資料。我的業務員會把即將到來訪客的完整簡介給我——他們長得像誰、還考慮哪些廠商、將如何做決定等等。我根據這些資訊來調整簡報。

有一次，我陪幾個正考慮要把他們公司的生意，從另一家已經與他們往來好幾年的供應商那裡轉到我們這邊的人參觀現場。我的業務員說，他們最大的考量是在移轉期間能夠繼續取得檔案。由於在參觀過程中，我無法把我們所做的每一件事都告訴訪客，但如果知道他們具體的考量，不用等他們開口詢問，我們就可以先行說明。這次，我刻意說：「有一件事我們特別小心，那就是確保移轉當中客戶可以取得他們的檔案或箱子。我們的做法如下……」這幾位潛在客戶很高興。我們做到了這筆生意。

當你把某些事搞砸之後去看客戶時，有所準備更是重要。當然，你必須道歉並承諾這個問題不會再發生，但你更應該能夠回答客戶一定會問的一個問題：「這是怎麼發生的？」那要有準備才答得出來。你要確確實實地了解哪裡出錯了、為什麼會出錯，以及你如何確保不再發生。然後才能當著客戶的面說：「我們已經調查過這起事件，原因是……。我們不是找藉口，只是要讓你了解這是怎麼一回事，以及我們採取哪些安全措施以保護你們和其他所有客戶未來不再受害。事實上，你們幫我們矯正了一個我們沒注意到的重要問題。我們除了道歉之外，還要感謝你們。」我發現，在大多數的情況下，客戶會願意給你第二次機會。

這裡沒有捷徑，即使你要面對的客戶和你有長期契約關係也一樣。你不可以因為你和客戶的關係在合約之下運作了好幾年，就假設你或他們知道合約裡面有什麼條款。我們很容易就忘記關鍵細節，而這些細節可能決定你未來是否還能保有這檔生意。我記得有一個客戶和我們往來了十二年之後提出重新招標案。這個客戶是市政府的一個單位。由於我們的過去紀錄，加上我們與該單位的工作人員關係良好，我們認為自己有很大的機會再度拿到合約。但當標單填好之後，我們發現，至少在書面上，我們的標價比別人高。

「怎麼辦？」業務經理布萊德．柯林頓問我。

「第一步，先去讀合約。」我說。

他面露奇怪表情。「好吧，如果你這麼說的話，但是……」他聳聳肩表示懷疑。

「但是什麼?」我問。

「我們好像不是不懂合約吧。」他說:「這個合約我們已經做了十二年了。」

當時我的腦海閃過自己第一天上法庭的記憶,我忍不住會心一笑。「我告訴你一個故事吧。」我說。

布萊德聽得懂故事的意思,並把合約拿出來。當我們逐條閱讀時,發現其中一條規定不論是誰拿到這筆生意,都不能再外包出去。這就把其中一個競標者刷掉了,他們的員工忽略了要像我們一樣仔細研讀合約。此外,我們能夠證明,其餘公司的標價,是根據他們對某一部分工作的作業方式所做的不切實際的預期。他們沒有做調查,而是用猜的。如果以他們勢必發生的費用去調整試算之後,我們就成了最低價。於是我們再度拿到這個合約。我得感謝我第一次走進法庭時碰到的那位法官。

。請教師父

覺得自己的能力有限,怎麼辦?

師父,您好:

我從事高階主管的招募工作已經十五年了。兩年前,我和一個客戶結盟,做得很不錯。我必須再僱用兩名新的招募人員才能趕得上需求。我一年的營收入從十五萬美元成長到八十萬美元，而這只是整個市場的皮毛而已。我看到有一件事會對我們建立重大組織有所妨害，那就是我自己。我知道自己沒有這個能力、耐心或知識來管理並擴張這個連鎖事業。我該怎麼辦？

布魯斯

親愛的布魯斯：

首先，不要對自己過度嚴苛。你很幸運，在公司還沒陷入困境之前就了解這個問題。我是經過慘痛經驗之後，才學到我不具備管理事業所需的各種特質，而耐心或許是其中最重要的一個。最後我終於了解，我只能把公司帶到當時的程度，超過那個程度，我經營起來就無法得心應手。我必須引進真正的經理人，也就是耐心而細節導向的人。他們不善於創業，而我不善於管理。我們相處得還不錯。

記住，你必須和你帶進來的人維持良好的工作關係。這表示你們雙方都必須敞開心胸、互相學習。

諾姆

有人在催你，就千萬不要做重要的決策

毫無疑問，我從商生涯中最富教育意義的經驗，就是我度過破產法的那一段時光，但我不建議你也跟著我的腳步。破產之前，我就像現在許多來找我提供意見的年輕創業者一樣，非常地匆忙。不論為自己定下什麼樣的目標，他們都非常急切地想要達成，而且是立刻達成。他們大多已經決定好下一步是什麼，而且就要開始去做了。他們向我尋求的是鼓勵，但得的建議卻總是「停下來，好好想一想」。

當你有被催促的感覺時，就不要做重大的事業決定。這個被催促的感覺究竟是來自自己的沒耐心，或是其他人給你壓力，要你趕快做決定，我覺得這並不重要。如果你覺得你好像必須馬上做決定，就別做決定。當你倉卒做決策時，不會用應有的方式仔細思考，而這個決策做了之後，很有可能回過頭來讓你惹上麻煩。

這不是個容易遵循的法則。大多數企業家天生是沒耐性的人。如果你沒有強烈的企圖心，以達成某種成就或實現構想，一開始，你就不會創業。但如果你沒有學會如何控制這個企圖心，它可能會反過來變成你最可怕的敵人。例如我在還不了解太急著達成目標所造成的危險之前，就曾經被修理得滿頭包。

畢竟我就是因為沒有耐心，而在一九八〇年代去購併一家我明知有重大問題的公司。在我心

中，我**知道**那是個壞交易。我內心的聲音說：「你瘋了嗎？你真是沒腦袋才會去惹這個麻煩。你讓整個公司陷入危機。」但當你被急迫感牽著鼻子走時，不會去聽自己內心的聲音。你會否定自己良好的直覺，然後找一些藉口，講自己想聽的話。例如，「我以前就把其他破產的公司救活過」、「我知道如何處理業務員」、「我可以應付任何他們丟給我的問題」……。我覺得自己就像個超人。

於是我決定做這個案子。接下來的故事你知道了（如果你還不知道，回去讀第二課）。接下來三年，我們靠自己脫離破產法，我花很多的時間思考自己到底哪裡做錯了。我知道，這可不只是一個壞決策而已。這個決策和我的某些基本性格有關，而其中一個就是我需要立即的滿足感。我毫無準備就動手去做，沒有考慮後果，也不向別人請教。而當我為我自己設定了一個目標之後，我就一心一意地想要達成──即使這其實是個錯誤的目標。而且事後回想，我可以看到多年來，這個性格導致自己犯下數不清的錯誤，包括事業上以及個人生活上的錯誤。無論如何我得想個辦法控制這些衝動。我知道我可能無法消滅它們。它們深深地嵌在我的性格中。但我不想繼續讓它們為我做決策。

於是我想出一個規定：還沒洗澡前不要做任何重要決策。

所謂「重要」，我指的是影響範圍廣大的決策。我談的不是例行日常事務。這些例行事務一發生我就馬上處理。但如果出現一個突如其來的機會、或有一個大問題待處理、或如果我們必須改變作業方式，我總是在做決策之前，先洗個澡。要知道，雖然我在洗澡時思考得最透徹，但我沒時間在白天洗澡。因此，我實際上是告訴自己延後二十四小時再做決策。這是很難做到的事，至少一開始很難。我喜歡**馬上**決定。當人家要我做某件事時，我很難開口說：「我必須想一下。我無法馬上給你答案。」

我需要的是一個可用的機制，讓自己慢下來，而洗澡法則可以達到這個目的。這是一種說服自己的方法，讓我接受等待的概念。這個法則強迫我給自己時間，徹底思考這個決策、聽聽別人的說法、考慮這個決定的可能效果。通常，我最後所得到的決定和一開始所做的一樣，但經過正確的思考過程之後，我會信心十足地做出決策。而有時候這個思考過程可以把我從差點就要做的錯誤決策中救出來，或是為我指出自己錯過的機會。

我的洗澡法則最後成了一種習慣。我學會了認清急迫感，並在急迫感發展當中將它止住。現在，每當我做重大決策時，會自動延後一下。我的經理人指控我在耽擱時間，但他們錯了。我所做的是讓潛意識有機會去處理這個問題。我要確定急迫感不會淹掉我內心的聲音。我注意到其他成功的生意人也具有這個特色，而這些人開公司已經有很長的一段時間。對他們來說，沒有任何事情是急迫的。他們不會匆匆忙忙地做不成熟的決策。他們已經學會如何先後退四步，評估所有條件，然後心平氣和地決定如何進行。

後退幾步對急著前進的年輕創業家來說並不容易。當然，他們所害怕的是可能失去眼前的機會。聰明的生意人知道如何利用這種感覺。他們讓你相信，他們今天所提供的機會，明天就沒了，然後利用你的急迫感，催促你做快速決定。然而等你有點年紀又有經驗之後，會學到兩件事：第一，世界充滿了許多美好的機會，怎麼用都用不完；第二，真正的機會不會消失。我想不出在採用洗澡法則之後，自己曾錯過哪些機會。

還有，我大概是城裡頭最乾淨的執行長。

師父的竅門

1 不論你到哪裡，都有美妙的事業課程可以學習，但你要記得去尋找它們。

2 解決問題的過程有兩個步驟。第一，你應該先止血。第二，你必須處理根本的原因。

3 充分準備是不可或缺的競爭優勢。即使是一份舊合約，除非你重新讀過，否則不要假設自己知道合約的內容。

4 越是有人強力催你趕快做決定，你越該堅持慢慢來。

第17課

用真正奇妙的方式過一生

我們從巴比和海倫．史東開始，我想就用他們做結束。多年來，我一直和他們保持密切的接觸，看著他們進步，從一九九二年的年營業額十六萬二千美元，成長到二〇〇七年的三百二十萬美元。現在回顧起來，我可以看到這一路上有好幾個里程碑。

第一個里程碑出現在他們的事業做了四年半的時候，當時，他們達到每一個成功的新事業都會經歷到的轉捩點。這從你決定除了自己之外，還必須再請個業務員那天開始。請文書或基層人員是不同的故事。你請這些人員是因為一定要請，因為你就是沒辦法靠自己處理這些工作。但是僱用一個業務員，意味著你決定要成長，而你如何僱用業務員，對你和公司有長遠的影響。巴比和海倫在一九九六年中期就漸漸接近這個轉型的問題。在我們一次定期會面中，他們問我，如果要讓他們二十七歲的兒子史帝芬來當全職的業務員，該怎麼做才好。我告訴他們，和公司裡大多數的事一樣，他們必須想個好計畫。

當你要僱用一個業務員時，尤其是第一個業務員，有三大挑戰。首先，你必須確定可以給他們足夠的時間成功上手。要多久才夠，每個企業都不同，一部分要視銷售週期而定。例如在我的檔案倉儲公司，一般要花兩年才能做成一筆生意。而在其他事業中，銷售期間可以短到幾個星期。但即使是週期短的事業，你也必須給新業務員時間去適應文化、學習產品、發展銷售基礎等。你不能期望他們一進公司就開始銷售——我指的是好的銷售，有健康的毛利率。事實上，一般明智的做法是假設新業務員第一年不會產生**任何**銷售。如果你寄望他們的銷售可以達到損益兩平，就無法客觀地評斷他們的表現。

因此我建議巴比和海倫暫緩僱用史帝芬，等他們累積足夠的現金以支應他一整年的薪水之後再說。我認為即使到那個時候，除非他們預測接下來的十二個月營業額和前十二個月一樣，否則也不該僱用他。我承認我的建議非常保守。我要巴比和海倫有很大的緩衝。對其他人，我可能會設得小一點。你所需要的緩衝大小，某種程度上和你在銀行沒有現金之下營運時所感受到的壓力水準有關。我當時知道巴比和海倫很難應付這樣的壓力，於是我們同意設定一些目標以確保，即使史帝芬上任之後一切都不順利，他們依然還能生存。

結果，他們當年年底前就達成這些目標，這為他們帶來第二個挑戰：給史帝芬正確的訓練。

當僱用一個業務員時，你是在做一筆投資，而你有權要求經過一段合理的時間後得到報酬。假設這個人的薪資和福利花了四萬五千美元的成本，另加上五千美元的其他費用（電話費、交通費等）。假設你平均毛利率是四〇%。這個業務員必須在四〇%的毛利率之下，帶來十二萬五千美元的銷售（一二五〇〇〇美元×四〇%＝五〇〇〇〇美元），才能打平你第一年花在他身上的成本。

這個觀念很多人都難以理解。大多數公司甚至不想教。但如果業務員不了解你的事業如何運作，也不了解你要求他們要有多少貢獻的話，你和業務員之間，就不斷地會有問題產生。他們會去做壞的銷售、會不遵守規定，甚至會一直抱怨公司不知感激，給的錢太少，因為他們不知事情真正的原委。教育是解決這些問題的唯一方法。你必須改變業務員的思考方式。在他們從事工作時，你需要一個過程來教他們。

巴比和海倫用我當年教巴比的同一個過程來教史帝芬。他們提出一個計畫，為史帝芬設定毛利率和營業額的目標，並讓他參與追蹤自己績效的工作。辦個小比賽也很有用。史帝芬翻出巴比第一年的紀錄，並決定要做得更好。同時，他和巴比每個月比賽，看誰的業績和毛利率最好，由海倫當裁判。

史帝芬的學習需要時間。他在一九九七年，也就是他工作第一年，業績遠超過巴比第一年的業績，但毛利率卻比較低。雖然他的貢獻足以支應自己的薪水，但公司這筆投資還不能打平。其實，巴比和海倫還在資助他。於是我們回過頭來，把焦點放在毛利率的課題上，漸漸地，史帝芬懂了。到了八月，從營業額和毛利率來看，顯然一九九八年將會是史帝芬大放異彩的一年。

這把我們帶到第三個大挑戰：讓他保持專注與得到獎勵。

當年秋季，巴比、海倫和史帝芬說他們想要見我。他們提出下一年的薪資新辦法。他們的想法是對史帝芬超過預計數的部分給予獎勵以激勵他。他每個月有薪水可拿，但他要達到事先同意的業績目標。此外，超過目標部分的業績，他可以拿到佣金。他們問我的想法。我告訴他們，我認為這是個壞點子。

我不喜歡佣金，理由我在第十四課解釋過了。我承認，有時我不得不付佣金給新業務員，但最後我會把最優秀的新業務員移轉成固定薪制。這對他們、對我、對公司都比較好。在固定薪制下，業務員在工作裡是團隊的一員。當你讓他們拿佣金之時，就給他們動機去依照他們個人的計畫行事。

我就怕這種事也發生在史帝芬身上。假設他業績的目標是每月二萬美元。如果離月底剩下三天時，他做了一萬八千美元，而巴比和海倫要他幫忙處理郵購訂單，或他們必須離開一陣子，要他留守辦公室，這時，他會有什麼感覺？而且如果在月底時，史帝芬發現必須在為一個高毛利率客戶做服務或尋求更多低毛利率銷售之間做選擇，會有什麼狀況？前者也許對公司比較重要，但後者顯然對他自己比較有利。佣金制會在公司裡造成區隔，而這個計畫注定會分化史帝芬和父母間的關係。

我問他們，付他固定薪水，然後每年調整以反映他對公司的所有貢獻，這不是比較好嗎？當然，如果他做了某件非常出色的事，他們可以給予獎金，但難道其他人做對公司整體最有利的事，就不該得到獎賞嗎？他們想了一下，同意這個觀點。

於是七年之後，巴比和海倫通過了另一個里程碑。他們走過草創階段、存活下來、超越臨界量，最後成功地引進另一個業務員。該公司一九九八年的整體營業額，從一九九二年的十六萬二千三百美元，成長提升為七十二萬五千美元。平均毛利率為三八%。當時的主要問題是，巴比和海倫的房子空間已經不夠用了——三個全職人員，加上幫忙庶務的臨時工，更不用提他們所持有的所有電腦用品了。他們把後院的一個棚子當作庫房，而地下室也已經裝得滿滿的了。連小孩的舊臥室也改成放東西的地方。沒有其他地方可以改了。

遲早，巴比和海倫要面對一個抉擇：把公司搬到新地方去，或停止成長。他們還不準備做決定。

。請教師父

覺得孤單，怎麼辦？

師父，您好：

我擁有一個三百萬美元的事業，並付費請了幾個顧問，例如會計師、律師等，但我覺得很孤單，而且老實說，我很困惑。我要到哪裡找個不限定議題，可以無所不談的人呢？

亨利

親愛的亨利：

首先，覺得孤單或困惑並非不正常。企業家總是孤單的，而且我們都常常在黑暗中摸索。事實上，孤單是我們這些人所面對的最大挑戰。幸好，你可以在很多地方得到沒有偏見的忠告，包括產業年會、企業專題研討會、小組聯誼會，更不用說像退休主管服務隊及美國小型企業管理局（Small Business Administration）的顧問部門這些組織。如果你要找尚在經營事業的企業家跟你做一對一的顧問，不妨在你的城市找找看，挑出你真正景仰的企業。然後我會寫信或打電話給幕後有力人士。

諾姆

網路帶來的六大變化

於此同時，產業環境迅速變化。尤其是網路，提供了新挑戰和新機會。雖然大多數的網路事業難以獲利，但毫無疑問的，網路可能是許多傳統事業，包括巴比和海倫的事業，非常強大的銷售工具。事實上，網路完全改變了巴比和史帝芬在業務員上的角色。

他們兩人都已經習慣用傳統的老方法工作，例如打電話找潛在客戶、約時間見客戶、做業務拜訪等。在一九九七年，有人提供史東家族免費的網站和一個月免費的虛擬主機，只要他們同意，以後每個月付二十五美元的服務費即可。他們接受了，並把他們的產品目錄，以及公司名稱、地址和電話貼在網站上。不出幾天，他們就接到很多的新生意，足夠支付這個網站一年的成本。

史東家族對這筆額外的生意很滿意，但他們當時並沒有真正發現網際網路的銷售潛力，直到隔年，巴比在原來的網站之外設了一個新網站，並開始教育自己以網路為基礎的行銷的優點。他把大部分的注意力聚焦在搜尋引擎，讓他所要賣的產品，成為客戶的首選名單之一，以吸引客戶。例如，他想到辦法，當有人在Google上搜尋，譬如說，「DLT條碼標籤」時，他們的公司，資料聯結社（Data-Link Associates），一定會列在第一或第二位。

由於巴比和史帝芬改進了網路銷售技巧，公司業績大幅成長，一九九八年增加了五〇％，一九九九年幾乎增加一倍，成為一百四十萬美元。二〇〇〇年，他們再度成長，達到一百五十萬美元。同時，資料聯結社的新業績有九五％至九八％來自網路。新客戶的唯一另一個來源，是推薦。

我發現最有趣的，是網路對巴比和史帝芬從事的業務工作——比方說他們做些什麼、如何做，以及對公司的影響。我看得出來，至少有六大關鍵變化，是來自他們採用線上銷售的結果：

變化一：更容易開發潛在客戶。

巴比和史帝芬不必出門找客戶，現在，他們花心思去想，如何讓客戶找到他們。這個變化有重要的影響。例如，這從基本上改變了業務員和潛在客戶之間的關係。做為業務員，你不再是一個打電話向潛在客戶兜售的人，而是回答他們問題的人。這讓你得到重大的心理優勢，結果成交率就變高了。

變化二：有更多時間做銷售。

到了二〇〇一年時，巴比已經記不得上次開車去做業務拜訪是什麼時候了。史帝芬則至少有一年沒做過任何的電話推銷。我是個深信電話推銷好處的人，但毫無疑問，這要花很多時間。你可能花好幾小時才找到決策者，約好會面時間，並出差去拜訪等。省掉這些活動，巴比和史帝芬有更多的時間去服務從網頁而來的客源，去回答問題、成交、寫訂單。他們還有很多的時間去研究銷售資料，並找出趨勢。某種產品是不是越來越熱門？公司是不是該對某些東西做特別促銷？網站是不是該調整？巴比是不是該為搜尋引擎上的排序位置做點努力？

變化三：更便宜、更快速、更容易接近客戶。

基本上來說，資料聯結社的新客戶就是網際網路的使用者，結果沒想到，大多數的老客戶也是網際網路的使用者。網站成立之後，史東父子發現，大多數的常客也喜歡使用他們的網站。這使得巴比和史帝芬可以比以前更快、更便宜地接觸到幾乎所有客戶。他們以前必須花時間和金錢去寄簡介、傳真，並在上班時間打電話和客戶聯絡。現在客戶可以到網站上查看簡介或特賣。現在很多事巴比和史帝芬可以用電子郵件處理，無論晝夜，任何時間都可以直接與客戶溝通。

變化四：擴大市場。

網路有幾近魔術般的力量來移除地理障礙。在網站還沒設立之前，資料聯結社的市場差不多就局限在紐約、紐澤西、賓州和康乃狄克州，也就是從史東家開車可以到的地方。為了接觸客戶，巴比和史帝芬必須去拜訪他們。上網之後，資料聯結社可以賣給遠在澳洲、南非、新加坡和阿拉伯聯合大公國等地的客戶。

變化五：信用卡銷售比率更高。

對小公司來說，最頭痛的事莫過於當你決定要不要給某個客戶更大的信用額度，以及當你必須寄出好幾百筆小帳單去收款的時候。要客戶以信用卡付費當然比較好，但當你用電話推銷簽到訂單時，很難堅持這樣做。透過網際網路找到你的客戶則是完全不同的景況。在資料聯結社上網之前，大約有一％的銷售採信用卡收費。上網之後，這個數字是將近二〇％。結果，海倫．史東在二〇〇〇年所寄出的帳單比一九九七年少了兩百五十筆，而她對是否收得到錢的擔心，也少了兩百五十次。

變化六：解決一次買家的問題。

雖然大多數企業都想要有堅實的常客基礎，但擁有些一次買家也很不錯，只要你別把給常客的折扣也提供給他們。問題是要找到一次買家是成本非常昂貴的事，而且收款也很困難。自從透過網站找客戶，資料聯結社可以非常便宜地找到一次買家，而且可以堅持以信用卡交易或是等到支票兌現再出貨。

我還可以想出許多資料聯結社改採網路銷售之後的其他好處，但你應該已經知道我的意思了。這個變化很清楚地在各個面向強化他們的公司。而且史東家族在建立網路事業時，還能維持平均三二％的毛利率。

緊盯著數字走

時光荏苒，雖然史東家族繼續在家裡經營，但事業繼續成長。二〇〇一年，史東夫婦的女兒珍妮佛加入，成為資料聯結社第三名業務員。隔年，該公司的營業額首次創新高，達到二百萬美元，而且還繼續成長。到了二〇〇五年左右，資料聯結社每年的營業額都超過三百萬美元。

在史東家族成長的同時，他們繼續密切監視數字。每當他們注意到值得留意的事，就會打電話給我，安排個會議。我們通常在會後吃個晚餐，或是邊吃晚餐邊開會。有一天，他們說觀察到一個令人不安的趨勢。他們前五個月的營業額比正常水準低了二五到三〇％。特別是，他們所有的「特賣」業務都流失了。特賣是一次性、大量、低毛利率的銷售，正是我在他們公司規模還小的時候不讓他們做的那種業務，但近幾年來，這種業務已經成為他們不錯的獲利來源。

然而，我或許應該在這裡說幾句話，解釋為什麼公司在早期著重這種業務很危險，不過一旦基礎打穩之後，卻成了理想的業務。這和風險有關。每當你讓一個客戶擴張信用，你就增加一個風險，你可能會收不到錢，還要承擔賣出商品的成本，再加上運費。銷售金額越大，風險就越高。

在你的事業還沒做起來，也就是還沒辦法靠內部所產生的現金流量養活自己之前，冒險去接一筆大額、低毛利率的業務，一般而言，是很糟糕的想法。一筆毛利率三〇％，金額為二千五百美元的銷售（毛利為七百五十美元），如果客戶倒了，或是以任何理由拒不付款，你的損失大約是一千七百五十美元。一筆毛利率一〇％，金額為二萬五千美元的銷售（毛利為二千五百美元），可能讓你損失二萬二千五百美元。當然，大家都想選二千五百美元那筆生意，尤其是當這筆生意似乎比較好做的時候，但在你的公司做起來之前，你必須好好看住創業資本。你經不起一次就把大部分的資本賠掉。那二萬二千五百美元，可能就是成功和失敗的差異所在。

一旦你的公司做起來之後，局面就改變了。這不是說你從此可以對賠錢失去戒心。對客戶做徹底的信用查核仍然非常重要，尤其是對大額的客戶。但如果你知道即使收不到錢也還能生存，你就可以接受其中幾筆大額、低毛利率的業務。你只要注意不要讓這些業務占你總營業額太大比例，以至於萬一收不到錢會危及整個事業就行了。

由於資料聯結社高毛利率的核心事業已然成長，巴比和海倫也已經有能力做越來越多的大額低毛利率銷售，而且這些業務也帶給他們不錯的報酬。在月損益表上，他們加上一行，單獨列示特賣的營業額，並密切監控。每當有機會做特賣時，他們部分根據正常小額高毛利率業務的銷售狀況，部分根據他們對收到款項的信心程度，以決定是否接受訂單。

他們已經越來越習慣一個月的總營業額在二十五萬美元到三十萬美元之間，這大部分要歸功於特賣，因此，當他們注意到某個月明顯下降時，他們就會加以關注。一個月的下降可能是失誤。如果連續發生兩個月，你就會開始懷疑到底怎麼回事。三個月後，那就變成「呼叫總部，我們有問題了」。當巴比和海倫來找我時，他們已經遠超過這個程度。

「看看這些數字。」海倫說道，指著一張過去幾個月的試算表。特賣收入是零。

「為什麼會發生這種事？」我說。

「我們不知道。」巴比說。

「答案很重要。」我說：「也許你們做錯了某些事，可以修正。」

「你要如何找出哪裡出錯了？」他問。

「你可以開始打電話給過去曾經和你們做過特賣交易的客戶。問他們最近為什麼沒再過來購買。同時，我們來想想如果特賣業務永遠都不會回來了，你們可以做些什麼。」

「那太恐怖了！」海倫說。

「不，不恐怖。」我說：「你們有一個美好的事業。就算沒有特賣，你們的事業還是很賺錢。但如果失去特賣業務，你們或許想要找別的收入來源。」我不用解釋。他們知道他們事業的主產品線已經達到飽和點。他們的正常營業額最近四、五年來已經某種程度地穩定下來了。「在你們調查特賣收入為什麼會掉下來之時，」我說：「想一些辦法去擴張你們在其他方面的業務。然後我們再一起討論。」

幾個星期之後我們再次聚會，巴比和海倫說，特賣業務之衰退似乎有幾個原因。第一，越來越多的競爭者提供這些產品。其次，網際網路讓客戶可以用更少的錢買到更多。第三，有一個大客戶聲稱他買到有瑕疵的帶子，所以不買了。結果這並非事實，但這個客戶已經不再下單。「即使這些都成立，」我問道：「難道你們不能在這行裡重振雄風嗎？」

他們不確定。特賣是透過網際網路而來的，沒人能預測什麼時候銷售還會再次出現。史東家族所能做的最好方法就是把網站升級，並努力提升在搜尋引擎上的排列位置，以增加機會。但他們說他們還有另一個機會。幾年前，他們在一家大供應商的請託之下，開始販售槍櫃和槍枝的外箱。這家供應商是辦公家具製造商，同時也生產槍櫃。最近這家製造商告訴巴比和海倫說，他們不能再賣了，因為資料聯結社不是美國聯邦總務署（General Services Administration）所核可的販售廠商。史東夫婦接到通知之後便立刻提出申請，並得到ＧＳＡ的核可，打開了銷售到當地警察局和全國其他政府機關的大門。海倫說道：「現在我們在GSA上的銷售一個月有幾千美元。雖然平均銷售金額沒有特賣的平均金額大，而且毛利率也比較低，但這個機會基本上沒有極限。」

「那麼，未來五年，你們最大的報酬打算從哪裡來？」我問道。

「顯然是GSA了。」巴比說道，而海倫也同意。我也一樣。一般而言，特賣是單次的交易，買家可能永遠都不會回頭購買。相反的，銷售到政府機關的話，有潛力成為重複購買行為。這表示巴比和海倫長期而言，需要靠這個業務的擴張。事實上，他們的GSA業務很快就成長到一個月四萬美元，而且在他們大幅改善網站之後，一些特賣業務又回來了。

但這起事件最讓我感到高興的是，史東家族有能力自己回答該怎麼做的問題。他們之所以能回答，是因為他們了解自己的事業。他們把數字抓得緊緊的，而且能夠用數字來為公司做聰明的決策。

。請教師父

想到美國創業，會不會成功呢？

師父，您好：

我是個韓裔女性。我大學主修社會學，畢業後擔任雜誌記者。之後，我花了兩年的時間在美國華頓商學院拿到企管碩士學位，再回到韓國。我在花旗銀行韓國分行事業規畫部做了五年，因為覺得沒有挑戰性，就跳槽到韓國一家深具規模的網路公司。我的問題如下：我先生得到洛杉磯一家由韓國人經營的新公司所提供的一個工作機會。我想要和他一起去，並在美國創業，但我不知道我會不會成功，因為我沒有什麼人脈和知識，而且還有語言障礙。您認為如何呢？

鄭媛

親愛的鄭媛：

我認為你應該跟著自己的夢想走。我認為，成功不是達到某個特定目標，而是有勇氣去嘗試。當然，你想要建立一個成功的事業，我想你應該可以。你所考慮的不利因素，在今天這個年代裡很容易克服。以你的學歷來看，我相信你在語言或建立人脈上不會有問題，而你的經歷更是好極了。然而，比建立公司更重要的，是你所要過的生活。如果有夢想而不去追求的話，你會後悔一輩子。

諾姆

愛你的事業

和史東家一起努力，對我來說，一直是很有收穫的經驗，對他們來說，我希望也是如此。有一件事特別富教育意義，我認為每個生意人都該誠心學習。

這件事的發生，起源於史東家族很有創意地把網際網路當作一個銷售工具使用。透過網際網路，他們和全世界的每個客戶建立了關係，其中一個客戶就是加拿大一家高級媒體儲存櫃的製造商。很巧，資料聯結社有賣這種櫃子，但他們沒辦法賣這家加拿大公司的產品，因為美國的經銷商把價格定得太高了。

後來，在二〇〇二年春季，巴比聽說這家加拿大製造商要改變經銷策略，正在找四或五家獨立公司作為該公司在美國的代表。他立即打電話給該公司的國際業務經理，這位經理說，他即將要到美國與候選廠商面談。巴比請他把資料聯結社也放進面談名單裡，而這位業務經理也馬上同意，並約好拜訪時間。他不知道他所要拜訪的公司長得什麼樣子。

這位業務經理習慣和位在辦公大樓或科學園區裡的公司做生意。他名單上的代銷商家都穿著西裝工作，有寬敞的辦公室、現代化辦公家具、中央系統空調，以及其他主流商業生活的華麗設備。當他依約抵達時，都會有接待人員向他問候，並先泡一杯咖啡給他，再帶他到會議室，和穿著西裝的人會面。

於是，你可以想像，當他到紐約長島住宅區一戶中所得家庭，拉開史東家大門時，他會怎麼想了。應門的是海倫．史東，手上還抱著當時才三歲大的孫女蕾貝卡。她說了聲「哈囉」，便叫巴比出來。巴比從地下室爬上來，和這個人握手，並要他走到房子的後面去看看，公司的入口在那裡。當他走到那裡時，巴比帶他進入資料聯結社的地下室總部。

那裡幾乎沒有走動的空間。整個地方塞滿了桌椅、傳真機、電腦設備、檔案櫃、置物架和一箱箱等待出貨的產品。巴比對這個亂象習以為常。對他來說，這不過是成功的副產品。然而，這位業務經理用難以置信的眼光看著這一切。彎彎曲曲地繞過雜物堆之後，他們來到一道狹窄而又陡峭的梯子，由此爬上一樓，巴比請他的客人在餐廳裡找張椅子坐下，把這裡當成他們的會議室。

「他當時呆住了，」海倫說道：「真的呆住了。他不斷地看著我們，好像是說：『這怎麼一回事？』還有當巴比在談話時，我追著在跳舞的蕾貝卡四處跑。還好巴比當時不是穿短褲。他為這個場面穿上長褲和襯衫。」最重要的是，巴比說：「他要知道我們是怎麼做生意的。他無法相信我們所做出來的數字是這麼大。我們在地下室裡經營，沒有銷售團隊，這簡直把他嚇壞了。他有一百萬個問題。」

而巴比很高興地一一回答他的問題。他很愛談公司的事，海倫也一樣。這個事業對他們來說，一直是個探險之旅，充滿了發現、挑戰，以及勝利。史東家所缺乏的門面，他們用聰明的點子來補足，尤其是銷售領域裡的點子。特別是，我前面提過，他們已經想到如何用網際網路來改革傳統的銷售程序。他們不用出去敲別人的大門，而是把一切設定好，讓客戶自己來接觸他們。巴比試著向這位業務經理說明運作方式——他們如何在搜尋引擎裡占到很好的位置、如何用資訊來分析趨勢以決定應該採什麼樣的促銷案、如何大幅擴張市場，並因為有較高比例的銷售採信用卡付款，而改善收款狀況。

這個會開了大約一個半小時。結束時，巴比和海倫送客人到大門前。一個星期之後，他打電話回來說：「歡迎加入。」他拜訪了二十家左右的公司，選出五家經銷商。「我相信你們會做得很好。」

但史東夫婦過了一年之後，才知道到底是怎麼回事。他們開完年會不久，這位業務經理打電話來說，他想請資料聯結社的員工吃晚餐。這次他是識途老馬了，他抵達時，把車停好，繞到房子後頭，並敲地下室的門。史東夫婦正在等他，他說，吃飯之前他想和夫婦倆講幾分鐘的話。

「你們應該看看我上次拜訪你們之後所寫的筆記。」他在客廳裡找張椅子坐下時說道：「我寫：『這家公司將來不是做得很大，就是一事無成。我不知道。』」回到加拿大之後，他把資料聯結社的詳細情形告訴同事，他們都搖頭大笑。後來他告訴同事，他選資料聯結社做為經銷商。他們認為他瘋了。他說他會負完全的責任。巴比和海倫，以及他倆談論自己事業的方式就是有某種莫名的力量，這讓他覺得，值得冒這個險。而這位業務經理已經徹底證明他的選擇正確，資料聯結社第一年的業績打敗了其他四家美國的經銷商。「你們遠超過我們的期望。」他說道。現在，他要讓這個關係更上一層樓，他希望史東夫婦願意賣該公司更多種的產品。他們也同意了。

那麼，當初是什麼因素，說服這名業務經理去和他們合作呢？我要冒著聽起來很可笑的風險說，那就是愛。更具體的說，是巴比和海倫對他們事業的愛，他們在談自己事業時的那種熱情，是裝不出來的，這種感情發自內心。

我對我自己的事業也有類似的情感。當大多數人到我公司拜訪，並參觀倉庫時，他們所看到的就是成千上萬的箱子整整齊齊地擺在貨架上，從地面堆到天花板，將近五十六英尺高。但當我看這間倉庫時，我看到不一樣的東西。我看到員工和我從無到有一手打造出來的神奇事業。這聽起來很傻，但聞到紙箱的味道會讓我熱血沸騰。

我認為如果你對你的事業沒有這種感覺的話，就不可能成為一個成功的企業家。不論你的公司從事什麼行業，你必須打從心裡相信，這是你在當下所能做的最有趣、最刺激、也最值得做的事業，要不然，你就很難說服其他人——員工、客戶、投資人或任何人來挺你。如果我認為把箱子存放到貨架上很無聊，我就永遠無法吸引這些優秀的人一起打拚，而且我們也無法達到今日的成就。幸好，我從一開始就發現檔案倉儲的每一個面向都讓我著迷。我就是愛向訪客炫耀我們的設備，而且我確信我的熱情具有傳染力。熱情通常都有傳染力。事實上，真正的熱情是事業上最強大的力量之一。熱情可以協助你克服許多的障礙，一如史東夫婦的例子。

這樣的熱情值得你在建立一家公司時，嘗遍所有的頭痛和心絞痛。如果你沒有這種熱情，或許你應該追求其他的事物。人生苦短，不要浪費你的時間，還有其他人的時間在你沒有信仰的東西上。我想再重複一次，如果你的確有這個熱情，你對創業的看法就會和我一樣。創業是趟迷人的旅程，讓你用真正奇妙的方式過這一生。

師父的竅門

1 在新業務員產生足以支應你僱用他們的成本之前，要有養他們長達一年的準備。

2 如果你要業務員做出好的銷售，就教他們了解你的事業如何賺錢。

3 要小心翼翼地監看數字。當數字有所變化時，找出原因。其中必有緣故。

4 熱情是事業的命脈。要大大方方地表現出來。

謝辭

我們在寫《師父》之前，於一九九五年開始，先在《企業》雜誌上撰寫「江湖智慧」的每月專欄。那些文章以及背後所做的研究，為本書提供了部分素材，因此我們一開始要感謝我們所寫到的人，願意把他們的故事分享給更廣大的讀者。從我們所收到的讀者回應來研判，你們為其他許多人在創業的旅程上提供了協助。我們也要感謝這些讀者。你們的觀察、意見、問題、故事、鼓勵的話和深思熟慮的批評，讓我們持續下去。可惜的是，我們無法一一回覆你們所寄來的電子郵件，但我們保證每一封都讀過，也感謝每一封來信。

《企業》雜誌裡的同仁，過去十四年來一直給予我們莫大的支持，他們每一個人都讓我們受益良多。我們要特別感謝雜誌社在這段期間裡的三位總編輯：喬治・傑德隆（George Gendron）在頭七年指導我們、約翰・柯騰（John Koten）接下來帶領我們做了一些嘗試，然後是珍・貝倫森（Jane Berentson），一直給我們鼓勵和啟發到現在。傑夫・謝格林（Jeff Seglin）幫忙設立了這個專欄，南茜・萊昂絲（Nancy Lyons）、麥可・哈普金斯（Michael Hopkins）、艾弗琳・蘿絲（Evelyn Roth）和凱倫・迪倫（Karen Dillon）在這個專欄的成長上，都扮演重要的角色。過去七年來，我們從羅倫・費德曼（Loren Feldman）非凡的編輯才能中獲益良多。我們作品中，一些最優秀的部分就是直接來自他的觀察、見解和建議。當然，我們要特別感謝《企業》雜誌的創辦人，已故的柏尼・高赫許（Bernie Goldhirsh），他給了我們一個立足的平台。我們也同樣感謝現在的老闆喬・蒙修耶托（Joe Mansueto），他確保這個平台和以前一樣的穩固。

此外，我們還要感謝《企業》雜誌裡其他許多人，他們為整個雜誌社以及我們這個專欄，做了非常多的事，並且仍持續在做。我們很高興得到這幾十個人的支持，包括創意總監、攝影編輯、發行人、正副主編、執行編輯、製作經理、研究員、查證員、文字編輯、公關經理、行銷總監等不一而足。我們很想將諸位的名字一一列出，但那基本上就等於把《企業》雜誌過去十四年來每一期的刊頭重新印出來，而且即便如此，我們可能還是無法避免把一些人落掉。雖然你們的名字沒有列出來，但請接受我們的致謝，並了解我們由衷地感謝各位。

我們還要向所有城市倉儲公司和美國資料保全公司所有的人表答謝忱，他們在本書裡，以及我的生命中扮演非常重要的角色。我們要特別感謝布萊德・柯林頓、彼得・龔德生（Peter Gunderson）、麥可・哈波（Mike Harper）、布魯斯・霍華（Bruce Howard）、雪莉・詹姆斯（Sherry James）、山姆・克普蘭、尼爾・基廷（Noelle Keating）、派蒂・萊福、佩蒂・卡娜・波斯特、路易・韋納，當然還有伊蓮・布羅斯基。

我們也感謝企鵝出版集團（Penguin）大師專輯事業部（Portfolio division）的創始人兼發行人艾垂安・查克漢（Adrian Zackheim），他提議要我們寫《師父》這本書。企鵝集團的威爾・威瑟（Will Weisser）用他神奇的行銷長才協助我們做觀念上的琢磨。企鵝集團的大師專輯團隊成員，包括法蘭艾絲卡・比蘭哲（Francesca Belanger）、柯妮・諾拜爾（Courtney Nobile）、喬・培瑞茲（Joe Perez）和柯妮・楊（Courtney Young），表現出他們慣有的神奇功力。

還有，我們怎麼能不提我們的作品經紀人吉兒・尼蘭（Jill Kneerim）呢？她是最佳經紀人。自從我們在將近十年前到她的辦公室找她之後，她就一直毫不吝嗇地支持我們，苦口婆心地給我們建議，並為了我們的權益不屈不撓奮戰。透過她，我們也很高興得到她波士頓事務所，費希與李察森之尼蘭與威廉斯事務所（Kneerim & Williams at Fish & Richardson）之優秀團隊的支援，包括霍普・丹尼坎（Hope Denekamp）、凱拉・克雷恩（Cara Krenn）和朱莉・賽爾（Julie Sayre）。

一如本書讀者的猜測，我們兩人都堅信要把人生規畫放在事業規畫之前。我們的人生規畫以我們的家人為中心。沒有他們，我們就會迷失。因此，謹以此書獻給伊蓮和貝絲・布羅斯基（Beth Brodsky）、瑞秋（Rachel）和亞當・魯納（Adam Luna）、麗莎（Lisa）、賈克（Jake）、瑪麗亞（Maria）、歐文（Owen）和史嘉蕾・柏林罕（Scarlett Burlingham），以及凱特・柏林罕・奈特利

（Kate Burlingham Knightly）和麥特・奈特利（Matt Knightly）。

諾姆・布羅斯基與鮑・柏林罕

國家圖書館出版品預行編目（CIP）資料

師父：那些我在課堂外學會的本事 / 諾姆．布羅斯基 (Norm Brodsky), 鮑．柏林罕 (Bo Burlingham) 著；林茂昌譯. -- 二版. -- 臺北市：早安財經文化, 2016.02
面；　公分. --（早安財經講堂；67）
譯自：The knack : how street-smart entrepreneurs learn to handle whatever comes up
ISBN 978-986-6613-78-4(平裝)

1. 創業 2. 企業管理 3. 職場成功法

494.1　　　105000731

早安財經講堂 67

師父

那些我在課堂外學會的本事

The Knack

How Street-Smart Entrepreneurs Learn to Handle Whatever Comes Up

作　　者：諾姆・布羅斯基（Norm Brodsky）、鮑・柏林罕（Bo Burlingham）
譯　　者：林茂昌
封面設計：Bert.design
責任編輯：沈博思、劉詢
行銷企畫：楊佩珍、游荏涵

發 行 人：沈雲驄
發行人特助：戴志靜、黃靜怡
出版發行：早安財經文化有限公司
台北市郵政 30-178 號信箱
電話：(02) 2368-6840　傳真：(02) 2368-7115
早安財經網站：http://www.morningnet.com.tw
早安財經部落格：http://blog.udn.com/gmpress
早安財經粉絲專頁：http://www.facebook.com/gmpress

郵撥帳號：19708033　戶名：早安財經文化有限公司
讀者服務專線：(02)2368-6840　服務時間：週一至週五 10:00~18:00
24 小時傳真服務：(02)2368-7115
讀者服務信箱：service@morningnet.com.tw

總 經 銷：大和書報圖書股份有限公司
電話：(02)8990-2588
製版印刷：漾格科技股份有限公司
二版 1 刷：2016 年 2 月
二版 36 刷：2023 年 10 月

定　　價：380 元
I S B N：978-986-6613-78-4（平裝）